简单减糖餐
轻松健康瘦

萨巴蒂娜◎主编

U0163432

中国轻工业出版社

初步了解全书

这本书因何而生

大部分人都喜欢甜味，但是过度依赖糖，不仅让你的减肥过程艰难无比，更让身体承受了很多负担。不仅仅是可见的添加糖，摄入过量的碳水化合物，也容易让身体器官超负荷工作。减糖，成了今天人们追求健康之路中不可绕过的一环，这本书就带着你、烹制属于你的美味减糖餐。需要注意的是，我们这本书提倡的是减糖，而非戒糖，旨在尽量不大幅改变日常口味习惯的同时，尽可能地减少糖类的摄入。

这本书都有什么

如果想要让每天的食物尽量实现减糖低糖的目标，除了一日三餐之外，还有很多餐食种类可以帮你实现一顿健康减糖餐，这本书就设计了很多主题来作区分：

- 一天中最重要的一餐——早餐，我们设计了慢升糖主题早餐，让早餐为身体提供足够能量的同时，降低一些主食的比例，从而降低升糖指数，减轻身体负担。
- 我们还设计了能量沙拉章节，在减糖的同时，帮助你补充蛋白质。而且容易操作，不论是早中晚，还是临时加餐，都很适合。
- 对于食材的选择，蔬菜无疑是非常不错的，因此我们设计了以蔬菜为主的新素食主义章节，就像人们常说的"多吃蔬菜身体好"一样，偶尔的"素食"能帮助我们清理肠道。
- 减糖的时候，午餐显得格外重要，因此，午餐就成了我们设计的另一个主题章节，荤素搭配，让你吃得安心、健康、美味。
- 懒人的智慧在这本书中也有体现，我们设计了"饭菜一锅"主题章节，晚上回到家可以只烹饪一锅，就能饭菜齐全，做得简单、吃得痛快，连锅碗瓢盆的清洗都省事好多。
- 有好吃的就不能没有好喝的，最后我们设计了饮品章节，饮品也是高糖摄入的重灾区，所以我们收录了很多低糖健康饮品供你选择。

除此之外，这本书除了有常规的参考热量之外，对于每道菜主要食材的蛋白质、碳水化合物含量的参考值也有标示，让你"全盘了解"。

含糖量、蛋白质、总热量，让你吃得心中有数

看着名字就流口水

时间、难易度清楚明了

需要用到的食材一目了然

烹饪秘籍，让你与美味不再失之交臂

粗粮新吃法
玉米菜饼

35分钟
难度 中

含糖量 123g　蛋白质 38g　总热量 741kcal

主料 新鲜带叶嫩玉米 5 根（约 700 克）
圆白菜 50 克；胡萝卜 50 克
鸡蛋 2 个（约 100 克）

辅料 白胡椒粉 2 茶匙；鸡精半茶匙
盐 3 克；香葱 1 根；香油 2 茶匙

烹饪秘籍

1. 一定要选择新鲜的嫩玉米，老玉米放入料理机中是很难打碎的。
2. 如果玉米糊有点稀，可以酌情添加少量低筋面粉，但是面糊一定不能过于干，否则蒸出来的玉米菜饼就没有那么嫩的口感了。

做法

准备 1
将新鲜玉米剥掉叶子，选取里面完整的叶子留下，两三片叶子为一组，用来做质厚的托盘使用。

2
将玉米粒完整地切下来；圆白菜、胡萝卜分别洗净，去掉根部，切成细丝；香葱洗净，切成末。

搅拌 3
将玉米粒放入料理机中，打成玉米糊，然后倒入盆中。

4
将圆白菜、胡萝卜丝和香末放入盆中，输入鸡蛋。

5
加入鸡精、盐、白胡椒粉、香油进行调味，用铲子从下往上翻拌均匀。

装填蒸制 6
将搅拌好的玉米菜糊用勺子依次放入玉米叶子中，用玉米糊铺满整个玉米叶。

7
蒸锅中加入适量清水，将做好的玉米菜饼放入蒸锅中，盖上锅盖。

8
开锅后继续蒸10分钟，即可关火开锅。

流程导图式操作环节，关键步骤一览无余

品尝菜肴也是有情怀的

玉米富含维生素和膳食纤维，易带烹调健的粗粮食，在东北地区，人们经常用叶子丰富的嫩玉米叶蒸一锅玉米菜饼，搭配既有叶细腻的口感，就能收获美味的营养和美味。

022

023

详尽直观的操作步骤让你简单上手

为了确保菜谱的可操作性，本书的每一道菜都经过我们试做、试吃，并且是现场烹饪后直接拍摄的。

本书每道食谱都有步骤图、烹饪秘籍、烹饪难度和烹饪时间的指引，确保你照着图书一步步操作便可以做出好吃的菜肴。但是具体用量和火候的把握则需要你经验的累积。

书中部分菜品图片含有装饰物，不作为必要食材元素出现在菜谱文字中，读者可根据自己的喜好增减。

美味又减糖，营养再加分

中国真是摄入碳水化合物的大国，太多诱人可口的面食、米食了。我本人也是碳水化合物的深度爱好者，甚至出版了《米饭杀手》《米饭最佳伴侣》《一碗好面》《好吃的面》等，林林总总，为主食做的图书，可能都不下十本了。

当然，如果您是一个身体健康的年轻人，家族也没有糖尿病等内分泌病史，适当享受下碳水化合物的快乐是可以的，您可以尽情去买我出版的上述几本以主食为主题的图书。

但是如果您和我一样，希望能瘦一点，又有糖尿病的家族遗传病史，那么，这本减糖餐会适合您。

当我推荐我妈妈（她有多年的糖尿病）少吃主食的时候，我妈妈犯难了，因为她已经大口吃饭了很多年，饮食习惯根深蒂固。后来我亲自给她做了一个月的饭，每天换各种花样：冬瓜丸子汤、藜麦炒饭、土豆沙拉、豆腐皮饺子、番茄小火锅、魔芋炒面……尽管我妈妈对饭菜要求低盐低脂，给我增加了很多难度，但我依然每顿饭都让她吃得十分满意。最后我妈妈说："没想到女儿可以为妈妈做这么多花样，妈妈很感谢女儿的爱。"

为啥我可以做这么多让妈妈和我自己都满意的料理呢？因为我本人也是一个坚持减糖料理将近三年多的人，减糖的好处，我早就体会过，减糖餐可以做得多丰富，我也颇有心得。

其实减糖并不是不吃碳水化合物，而是控制碳水化合物的同时让餐食更加营养、全面。既可以满足饕餮之欲，又可以让身体健康，岂不快哉？

高欣茹

萨巴小传：本名高欣茹。萨巴蒂娜是当时出道写美食书时用的笔名。曾主编过八十多本畅销美食图书，出版过小说《厨子的故事》，美食散文集《美味关系》。现任"萨巴厨房"主编。

 敬请关注萨巴新浪微博　www.weibo.com/sabadina

目录

1 Chapter
慢升糖快手早餐
—— 不要让早餐升糖太快哦

玉米菜饼
022

菠菜口袋饼
024

西葫芦肉松米饼
026

鸡肉蔬菜饼
028

鸡肉百叶包
030

千张蔬菜卷
032

魔芋结厚蛋烧
034

绿豆面鸡蛋煎饼
036

菜饼烘蛋
038

土豆拌溏心蛋
039

托斯卡纳面包拌蔬菜
040

蔬菜鸡肉堡
041

2
Chapter

美味的能量沙拉
——减糖餐中，少不了高蛋白的能量沙拉

泰式牛排生菜沙拉
054

煎牛肉能量碗沙拉
056

牛肉粒彩椒沙拉盅
058

普罗旺斯薰衣草海鲜沙拉
059

泰式大虾西柚沙拉
060

鲜虾芒果沙拉
061

泰式大虾能量碗
沙拉
062

烤秋刀鱼双色菜花沙拉
070

芥末章鱼沙拉
071

鸡肉柑橘西芹沙拉
076

罗勒番茄鸡肉沙拉
072

烤南瓜鸡肉沙拉
074

秋葵鸡胸肉沙拉
075

番茄冻豆腐蔬菜汤
078

咖喱魔芋炒时蔬
080

菜花寿司
082

三杯杏鲍菇
084

无油青椒炒杏鲍菇
085

鲜炒双菇
086

白灼金针菇
087

蒜末豇豆
088

香油炒三丝
089

香煎秋葵
090

凉拌鲍芹丝
091

脆笋拌佛手
092

脆腌黄瓜
093

番茄三重奏沙拉
094

莲藕沙拉
096

豆腐沙拉盒
097

杏仁豆角西蓝花沙拉
098

4 Chapter

快捷健康的午餐
——荤素搭配好健康

5 Chapter

饭菜一锅，轻松做晚餐

——减糖的同时又操作简单

魔芋酸辣粉
146

小炒牛柳魔芋面
147

番茄牛肉魔芋面
148

咖喱南瓜西葫芦面
150

手撕鸡丝荞麦面
151

菠菜饼卷鸡胸肉
168

墨西哥鸡肉卷
164

牛油果烤鸡胸塔可
166

经典牛肉塔可
167

红薯燕麦底烤比萨
170

南瓜藜麦饼
172

菠菜全麦燕麦饼
174

低糖潮饮
——你还在喝高糖饮品吗？

计量单位对照表

1 茶匙固体材料 =5 克
1 汤匙固体材料 =15 克
1 茶匙液体材料 =5 毫升
1 汤匙液体材料 =15 毫升

你真的懂减糖吗

什么是减糖饮食

　　减糖饮食，即低碳水化合物饮食。即在我们日常的三餐之中控制碳水化合物的摄入量，将每天的碳水化合物摄入总量减少，同时增加蛋白质的摄入量，并合理摄入脂肪。用大家都好理解的、更简单的方式来讲，就是少吃淀粉含量高的米、面，不摄取额外的添加糖，多吃富含蛋白质和脂肪的肉类，以及富含膳食纤维和维生素的绿叶蔬菜。如果要摄入碳水化合物，也尽量少吃精米、精面，换成豆类、小米、糙米、燕麦等粗粮。

怎样逐步改变为减糖饮食

原则一：
每餐吃肉、蛋和新鲜绿叶蔬菜，尽量不吃含盐量、含糖量超标的加工食品。

原则二：
每餐先吃优质蛋白质食物（例如肉、蛋等），最后吃含少量碳水化合物的食物。

原则三：
每餐食材种类保持相对开放，烹饪方式尽量简单。

　　作为减糖饮食的基本原则，以上每一条都很重要。在这三条的基础上，可以无限发挥你的想象力，减糖饮食并不会单调而且还会很美味，让我们一起规划为期一个月的减糖饮食吧！

第一周

这是需要做准备的一周，在这个阶段，你首先需要做的就是替换掉家中的高碳水化合物食物，逐步降低每天的碳水化合物摄入量，并且你要全面戒除各种含糖的食物与饮料。

To Do List

1. 少吃或不吃家里的高碳水化合物食物。
2. 尽量用适量红薯、南瓜、土豆、山药等粗粮食材替代主食。
3. 适量增加一些脂肪的摄入。
4. 适当散步并保持充足睡眠。

第二周

尝试一周的减糖饮食后，在这一周你的身体可能会有些不适应，如果你格外地想念包子、面条、米饭这些高碳水化合物食物，那么请再多吃些高蛋白质食物吧！

To Do List

1. 继续减少摄入碳水化合物，用少量红薯或南瓜替代主食。
2. 如果觉得饱腹感不强，多吃些高蛋白的肉类：牛肉、羊肉、猪肉、鱼类、贝类都可以。
3. 适量补充盐分和水分，增加身体的新陈代谢。
4. 不要剧烈运动，可以做些瑜伽的伸展和拉伸动作。

第三周~第四周

相信尝试两周的减糖饮食后，你已经逐渐掌握饮食要诀。现在的你已经可以根据身体的信号，调整出最适合你的碳水化合物量。这时想要瘦的你也可以搭配一些运动，说不定能锦上添花呢！

To Do List

1. 试着将主食换成魔芋、奇亚籽、豆类等碳水化合物含量更低的食材。
2. 增加每餐食材的种类，保持肉、蛋、菜的均衡摄入。
3. 保持营养均衡，可以选择柠檬、番石榴、柚子这些糖分含量低、维生素含量高的水果来补充身体所需。
4. 适量运动，慢跑、游泳、舞蹈等都可以尝试。

减糖饮食的"能吃"与"不吃"

如果你想进行减糖饮食，一定会问"那我到底应该吃些什么呢?"

碳水化合物一般分成"可吸收碳水化合物"与"不可吸收碳水化合物"，可吸收碳水化合物会对我们的血糖造成较为明显的波动。

有很多食材富含膳食纤维，这些就属于"不可吸收碳水化合物"。比如红薯、南瓜、土豆、芋头、山药，虽然它们也含有碳水化合物，但作为蔬菜来说它们也富含膳食纤维，比精米、精面的营养成分更全面，作为减糖饮食期间的主食替代品是完全没问题的。

在减糖饮食期间，因为主食、根茎类蔬菜、水果等食物的减少，会导致身体缺乏膳食纤维，从而产生一些口臭、便秘的问题。这个时候，千万不要忘记摄入大量绿叶蔬菜来保证膳食纤维及维生素的补充。在减糖饮食期间，多喝水也可以帮助身体加快新陈代谢，排出垃圾。

我们日常家庭餐桌上经常能吃到的馒头、米、面、饼、油条、饺子皮等主食，就是典型的"可吸收碳水化合物"。

如果你很爱吃水果，也要注意水果越甜，可吸收碳水化合物越多，比如，葡萄、苹果、荔枝的可吸收碳水化合物含量都很高，同时还会使血糖迅速升高。

各种不同的糖（白砂糖、冰糖、红糖、黑糖、葡萄糖浆、蔗糖、焦糖、蜂蜜、枫糖、乳糖、麦芽糖等）都算可吸收碳水化合物。

减糖饮食超市采购指南

在接触减糖饮食前，我们逛超市看到什么都想买，但翻翻配料表和营养成分表才发现大部分食材都不符合减糖饮食的需求，感觉到处都被高糖食物包围，没东西可以吃。照着这份采购指南，就不用担心在超市里手足无措了。

主食怎么选?

可以购买南瓜、山药、芋头、红薯，虽然这些也含有碳水化合物，但只要控制好量就可以放心吃。而且储存方式也很简单，不需要放冰箱，放在室内阴凉处就可以了。如果你实在很想吃米饭的话，少吃几口解馋就可以了，千万别照饱了吃哦!

糖怎么选?

家里所有的红糖、白糖、冰糖暂时打入冷宫，实在喜欢甜口的话，可以换成天然代糖。当你逐渐适应了减糖饮食之后，相信你对甜味就没有那么大欲望了。

水果怎么选?

只要是低糖水果，就可以放心吃，比如牛油果、番石榴、柚子、木瓜、草莓、桑葚等，水果黄瓜和圣女果也是不错的选择。榴莲、苹果、芒果的升糖指数较高，就控制一下嘴馋的自己吧。

零食怎么选?

减糖饮食也可以吃零食，只要选择无糖牛肉干、芝士、可可含量90%以上的黑巧克力就好，饮料也相应地选择无糖茶饮、黑咖啡即可。

这些酱汁助力减糖

 ## 基础油醋汁

材料

葡萄酒醋 40 毫升 | 橄榄油 120 毫升
盐少许 | 胡椒少许

做法

❶ 将所有材料放入密封的玻璃罐中，用力摇晃使其混合均匀，充分乳化。

❷ 可冷藏保存 1 周。由于没有使用乳化剂，这款沙拉汁非常容易分层，请在食用前充分混合均匀。

仅使用油和醋的基础油醋汁，是制作各式油醋汁的基础，重点是一定要选用优质的油和醋。推荐使用红葡萄酒醋和白葡萄酒醋。

柑橘油醋汁

材料

鲜榨橙汁 40 毫升 | 植物油（玉米油、葵花子油等无味冷榨油）40 毫升 | 白葡萄酒醋 40 毫升
纯净水 40 毫升 | 柠檬 2 个 | 青柠 1 个
流质蜂蜜 10 毫升 | 盐少许 | 黑胡椒碎少许

做法

❶ 将柠檬、青柠洗净，分别擦下少许皮屑留用。果肉挤汁。

❷ 将所有材料放入密封的玻璃罐中（包括擦下的柠檬皮屑和青柠皮屑），用力摇晃使其混合均匀，充分乳化。

❸ 可冷藏保存 1 周。由于没有使用乳化剂，这款沙拉汁非常容易分层，请在食用前充分混合均匀。

大量使用柑橘汁代替醋，柑橘的清香会让沙拉鲜亮起来。

🥄 日式油醋汁

材料

植物油（玉米油、葵花子油等无味冷榨油）180
毫升 | 谷物醋（苹果醋等淡色醋也可）70 毫升
日本酱油 30 毫升 | 香油 10 毫升 | 生姜 1 小块
大蒜 1 瓣 | 熟白芝麻 1 汤匙
柠檬汁（增加香味，可省略）少许
柠檬皮屑（增加香味，可省略）少许
海盐、黑胡椒碎各适量

除了西式沙拉汁，日式沙拉汁也是非常值
得尝试的蔬果好伴侣。使用了芝麻、生姜、
酱油这些更符合我们饮食习惯的调味品，
口味接受度更高。也可添加细香葱、紫苏、
鸭儿芹这些天然香草提升风味。

做法

❶ 将蒜压成蓉，或者剁
成极细的末。

❷ 生姜去皮磨成蓉，或
者剁成极细的末。

❸ 将所有材料放入密封
的玻璃罐中，用力摇晃使
其混合均匀，充分乳化。

❹ 可冷藏保存 1 周。
由于没有使用乳化剂，
这款沙拉汁非常容易分
层，请在食用前充分混
合均匀。

橄榄油巴萨米克醋油醋汁

材料

巴萨米克醋 40 毫升 | 特级初榨橄榄油 120 毫升
盐少许 | 黑胡椒碎少许

做法

❶ 将所有材料放入密封的玻璃罐中，用力摇晃使其混合均匀，充分乳化。

❷ 可冷藏保存 1 周。由于没有使用乳化剂，这款沙拉汁非常容易分层，请在食用前充分混合均匀。

重点是一定要使用风味浓醇的优质巴萨米克醋，适合搭配火腿和水果，常用于意式以及地中海地区的沙拉中。

 ## 柠檬橄榄油油醋汁

材料

特级初榨橄榄油 50 毫升 | 柠檬汁 10 毫升
白葡萄酒醋 8 毫升 | 第戎芥末酱 2 克
蒜蓉 1 克 | 新鲜罗勒叶 2 克 | 黑胡椒碎少许
海盐少许 | 蜂蜜少许

做法

❶ 将罗勒叶切碎。

❷ 将所有材料放入密封的玻璃罐中，拧紧瓶盖摇匀，充分乳化。

❸ 可冷藏保存 1 周。由于没有使用乳化剂，这款沙拉汁非常容易分层，请在食用前充分混合均匀。

色彩清新、酸味明显的一款沙拉汁，非常适合夏天。

蜂蜜芥末油醋汁

材料

苹果醋 20 毫升｜苹果汁 10 毫升｜柠檬汁 5 毫升
特级初榨橄榄油 50 毫升｜植物油 40 毫升
大藏芥末酱 10 毫升｜蜂蜜 15 毫升｜盐少许
黑胡椒碎少许

大量使用了蜂蜜，这是酸甜度较为平和的
一款沙拉汁，接受度高，适合作为油醋汁
的入门之选。

做法

❶ 将苹果醋、苹果汁、
柠檬汁、大藏芥末酱混
合均匀。

❷ 将橄榄油和植物油混
合均匀，分次加入步骤
1 中，快速搅打使之充
分乳化。

❸ 加蜂蜜搅拌均匀，用
盐和黑胡椒碎调味即可。

法式沙拉汁

材料

洋葱 10 克｜第戎芥末酱 1 克｜苹果醋 20 毫升
蛋黄酱 5 克｜植物油 100 毫升｜盐少许
黑胡椒碎少许

非常温润柔和的一款沙拉汁，可以添加各
种香草增加其风味

做法

❶ 将洋葱切成极细的末。

❷ 将洋葱末、第戎芥末
酱、苹果醋、蛋黄酱充
分混合均匀。

❸ 分次加入植物油，快
速搅打使之乳化，用盐和
黑胡椒碎调味即可。

青酱

材料

罗勒 200 克｜平叶欧芹 50 克｜橄榄油 30 克
松子仁 10 克｜蒜蓉 1 克｜奶酪粉 5 克
海盐少许｜黑胡椒碎少许

做法

❶ 将罗勒和欧芹分别择叶。

❷ 松子仁入烤箱 160℃烤 3 分钟。

❸ 将所有材料一起放入料理机中搅打顺滑。

❹ 取出装瓶，可冷藏保存 2 周。

> 全天然材料打出经典地中海酱汁，意面、沙拉、海鲜都可以使用。

🥄 芝麻沙拉汁

材料

白芝麻 30 克｜日本酱油 25 毫升｜味酥 20 毫升
苹果醋 20 毫升｜香油 10 毫升｜植物油 20 毫升
蛋黄半个｜水淀粉适量

烹饪秘籍

也可以使用黑芝麻，做成黑芝麻风味沙拉汁。

浓厚醇香的芝麻气息，非常适合与蒸蔬菜
搭配。

做法

❶ 芝麻放入锅中充分炒
出香味。

❷ 用搅拌机将芝麻
打碎。

❸ 将日本酱油、味酥、
苹果醋、香油、植物油、
蛋黄放在小锅里煮开。

❹ 加入水淀粉和打碎的
芝麻，充分搅拌均匀。

❺ 再次煮开，静置放凉。
冷藏可保存 1 周。

1

Chapter

慢升糖快手早餐

——不要让早餐升糖太快哦

粗粮新吃法
玉米菜饼

⏱ **35**分钟

🍠 难度 中

含糖量
123g

蛋白质
36g

总热量
741kcal

👍 玉米富含维生素和膳食纤维，是非常健康的粮食。在东北地区，人们经常用浆汁丰富的嫩玉米来蒸一锅玉米菜饼，搭配膳食纤维同样丰富的蔬菜，就能收获满满的营养和美味。

主料　新鲜带叶嫩玉米 5 根（约 700 克）
　　　圆白菜 50 克 | 胡萝卜 50 克
　　　鸡蛋 2 个（约 100 克）
辅料　白胡椒粉 2 茶匙 | 鸡精半茶匙
　　　盐 3 克 | 香葱 1 根 | 香油 2 茶匙

烹饪秘籍

1. 一定要选择新鲜的嫩玉米，老玉米放入料理机中是很难打碎的。

2. 如果玉米糊有点稀，可以酌情添加少量低筋面粉，但是面糊一定不能过干，否则蒸出来的玉米菜饼就没有那么嫩的口感了。

做法

准备

1

将新鲜玉米剥掉叶子，选取里面完整的叶子留下，两三片叶子为一组，用来做蒸饼的托盘使用。

2

将玉米粒完整地切下来；圆白菜、胡萝卜分别洗净，去掉根部，切成细丝；香葱洗净、切成末。

搅拌

3

将玉米粒放入料理机中，打成玉米糊，然后倒入盆中。

4

将圆白菜丝、胡萝卜丝和葱末放入盆中，磕入鸡蛋。

5

加入鸡精、盐、白胡椒粉、香油进行调味，用铲子从下往上翻拌均匀。

装填蒸制

6

将拌好的玉米蔬菜糊用勺子依次舀入玉米叶子中，将玉米糊铺满整个玉米叶。

7

蒸锅中加入适量清水，将做好的玉米菜饼放入蒸锅中，盖上锅盖。

8

开锅后继续蒸 10 分钟，即可关火开锅。

口袋面包
菠菜口袋饼

⏱ **120** 分钟
🔥 难度 高

含糖量 **87g**　　蛋白质 **37g**　　总热量 **534kcal**

👍 口袋饼，饼皮就像口袋一样可以装下自己喜欢的蔬菜和肉类，看着就很满足。用菠菜汁和面更是心思巧妙，美味、营养都不缺。

主料　高筋面粉 100 克│菠菜 75 克
　　　盐 1.5 克│干酵母粉 2.5 克│橄榄油半汤匙
辅料　牛里脊 100 克│洋葱 25 克│胡萝卜 25 克
　　　生抽 1 茶匙│老抽半茶匙│孜然粒半茶匙
　　　孜然粉 1 克│淀粉 1 茶匙
　　　盐、橄榄油各适量

烹饪秘籍

烤饼的时候温度一定要够，把擀好的面饼放在滚烫的烤盘上，饼才能鼓起来，所以动作一定要快。

做法

榨汁

1 将菠菜去掉根部和老叶，洗净后放入沸水中氽烫1分钟。

2 捞出菠菜，放入凉水中降温，挤干水分，切小段，放入榨汁机中，倒入100毫升清水搅打，然后过滤出菠菜汁。

和面

3 高筋面粉中加入菠菜汁、干酵母粉、盐和橄榄油，放入面包机，将面揉到能拉出大片筋膜的程度。

4 揉好的面团滚圆，盖上保鲜膜，放在温暖处发酵到2倍大。

炒制

5 牛里脊切条；洋葱切粗条；胡萝卜洗净，切粗条；牛肉中加入老抽、生抽、孜然粉、孜然粒、淀粉和适量盐，抓拌均匀。

6 中火加热平底锅，放入适量橄榄油，下入牛肉条、胡萝卜条和洋葱条翻炒到牛肉变色，盛出待用。

制坯烤制

7 取出发好的面团，按压排气，平均分成6份，每份揉圆，盖上保鲜膜，松弛15分钟。

8 烤盘上刷橄榄油，放入烤箱，烤箱230℃预热。将松弛好的面团擀成直径约12厘米的圆饼。

9 擀好的圆饼放入预热好的烤箱，快速关上门，烤到圆饼鼓起后继续烘烤半分钟。

填馅

10 将烤好的饼取出，切开口，塞入炒好的洋葱、牛肉和胡萝卜即可。

变废为宝的惊喜
西葫芦肉松米饼

⏱ **30**分钟
🍳 难度 中

🥄 含糖量 58g

🥚 蛋白质 26g

☀ 总热量 482kcal

👆 剩米饭并非只能做蛋炒饭，稍微花点心思，就能变身成特别的米饼。在米饭中加入西蓝花，不仅味道更清新，颜色也很讨喜。不需要花太多时间，也不需要很复杂的食材，就能为餐桌平添一份惊喜。

主料　米饭 150 克│猪肉松 30 克
　　　西葫芦 150 克│西蓝花 50 克
　　　鸡蛋 1 个（约 50 克）
辅料　花生油 10 毫升│盐少许

做法

准备搅拌 ⟶ **煎制**

1 将米饭拨散，不要有
结块；西蓝花放入淡
盐水中浸泡一会儿。

4 将不粘平底锅加热，
在锅底均匀刷上花
生油。

2 将西蓝花冲洗净，切
去根部，然后切成
碎粒。

5 将混合好的米饭用勺
子辅助，煎成两个厚
约 1 厘米的薄饼，两
面都要煎成金黄色。

3 将西蓝花碎放入米饭
中，打入一个鸡蛋，
加入少许盐，搅拌
均匀。

焯烫

6 西葫芦洗净，切去根
部，再切成圆形的
薄片。

组合

8 取一块煎好的米饼，
平铺上烫好的西葫
芦片，撒上猪肉松，
再盖上另一块米饼
即可。

7 西葫芦片放入煮沸
的淡盐水中焯烫 1 分
钟，捞出，沥干水分。
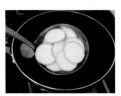

春天里的小清新
鸡肉蔬菜饼

🕐 **40**分钟

🥄 难度 低

含糖量
127g

蛋白质
67g

总热量
983kcal

主料 圆白菜 200 克｜新鲜鸡胸肉 100 克
      鸡蛋 2 个（约 100 克）｜低筋面粉 150 克
      香葱 2 棵
辅料 鸡精半茶匙｜白胡椒粉半茶匙
      烧烤酱适量｜熟花生仁 20 克
      沙拉酱适量｜食用油 1 汤匙

👍 圆白菜中含有较多的水分和膳食纤维，用它做饼，表皮酥脆，鸡肉和鸡蛋的加入让饼的馅料更加丰富，外酥内软的口感和厚实的形状在清晨可以唤醒你的胃口。

做法

准备

1 将鸡胸肉洗净，切成碎粒，再用刀背敲打成肉馅；香葱洗净，取葱绿部分切成小粒。

2 低筋面粉中加入鸡精、白胡椒粉、打散的鸡蛋，搅拌到大致没有干粉。

3 圆白菜去根、去老茎后切成短粗丝，花生仁切成小碎粒。

抓拌

4 圆白菜丝、鸡肉馅和花生仁碎放到面粉糊中，用手抓拌成质地均匀的面糊。

煎制

5 中火加热平底锅，放入适量油抹匀。油热后放入一半的面糊，转小火。

6 用铲子将面糊压成厚饼状。

7 面糊底面定形后用铲子将饼翻面，两面都定形后转大火将表面煎酥脆。

装盘调味

8 出锅后在表面涂一层烧烤酱，再挤上沙拉酱，撒适量香葱粒即可。

烹饪秘籍

面饼不要摊得太厚，保持在 2 厘米以下就好，太厚不容易熟。出锅之前用铲子按压面饼中央，没有流动性就表示面饼已经熟了。

讲究的美味
鸡肉百叶包

 40 分钟
难度 中

 含糖量
45g

 蛋白质
152g

 总热量
1195kcal

主料　新鲜鸡大胸 1 块（约 150 克）
　　　荠菜 400 克｜百叶 4 张（约 200 克）
辅料　盐 1 茶匙｜料酒 2 茶匙｜香油 2 克
　　　胡椒粉 2 克｜鸡精 2 克｜食用油少许

👍 荠菜的样子虽然不出众，却是含钙量非常高的蔬菜，味道清新又营养，是非常好吃的野菜。和细腻的鸡肉融合在一起，犹如雪中见翠，蒸好端上桌，就是一个字：鲜！

做法

准备

1 选择鲜嫩的荠菜，择去根部的老叶，反复洗掉泥土，放在漏盆中沥干水分备用。

2 鸡大胸洗净，用刀剁成肉末，放入碗中，加入料酒和胡椒粉搅拌均匀。

汆烫调馅

3 水中加入几滴食用油、3克盐，大火煮沸，将荠菜分多次放进开水中汆烫。

4 几秒后捞出汆烫好的荠菜，放在凉水中过凉，捞出沥干，切成细碎的末。

5 将荠菜末放入鸡肉馅中，加入2克盐、香油、鸡精，搅拌均匀。

蒸制

8 蒸锅加入适量水，上汽后放入荠菜鸡肉包，蒸15分钟即可。

卷起

6 百叶洗净，放在开水锅中汆烫，捞出后平铺在案板上。

7 将荠菜鸡肉馅放在百叶一侧，将百叶慢慢卷起，注意另一侧留出能往内包裹的部分。卷好后装盘，依次摆放整齐。

烹饪秘籍

荠菜汆烫的时间不宜过长，否则会破坏维生素，而且影响口感和色泽，所以要分次把荠菜放入锅中汆烫。

简单直白本土"范儿"
千张蔬菜卷

🕐 **40** 分钟

🔥 难度 高

含糖量
27g

蛋白质
58g

总热量
533kcal

主料　干张 1 张（约 75 克）
　　　鸡蛋 1 个（约 50 克）| 黄瓜 50 克
　　　胡萝卜 50 克 | 香菜 30 克 | 豇豆 50 克
　　　瘦肉火腿 50 克
辅料　食用油 1 茶匙 | 玉米淀粉 1 茶匙
　　　盐少许 | 韭菜几根 | 甜面酱少许

👍 干张又被叫作"干豆腐"，是由黄豆加工制成的豆制品，含有丰富的蛋白质、卵磷脂，搭配上自己喜欢的蔬菜和酱汁，生吃也是非常美妙的。

做法

准备

1 将干张洗净，切成6块，放入开水中汆烫1分钟，小心地捞出，不要弄破。

2 鸡蛋磕入小碗中，加少许盐打散，加入玉米淀粉和1茶匙纯净水搅拌均匀。

煎制切备

3 不粘平底锅加热，倒入食用油，倒入蛋液，平摊成蛋饼，保持中小火煎至两面金黄色。

4 将煎好的蛋饼平铺在案板上，卷起，切成细条。

卷起

8 取一片干张，铺上豇豆、蛋皮、火腿条、黄瓜条、胡萝卜条和香菜段，紧紧卷好，再用烫好的韭菜固定，摆在盘中，淋上甜面酱即可。依次做完剩下的干张皮。

制作馅料

5 豇豆洗净，去头尾，切成与干张较长的一边同等长度的细条，放入烧开的淡盐水中汆烫1分钟左右捞出；取几根韭菜洗净，放入沸水中汆烫10秒钟捞出，沥干。

6 瘦肉火腿去掉包装，也切成与豇豆一样长的条。

7 将黄瓜和胡萝卜分别洗净，都切成与豇豆一样长的细条；将香菜去根、洗净，切成与豇豆一样的长度。

烹饪秘籍

瘦肉火腿也可以用其他肉类来代替，蔬菜可以根据自己的喜好自行搭配，但务必多几种颜色，好看的同时营养也会更全面。

另类新吃法

魔芋结厚蛋烧

⏱ **30**分钟
🔥 难度 中

含糖量
16g

蛋白质
20g

总热量
234kcal

主料 魔芋丝结 150 克｜鸡蛋 2 个（约 100 克）
     菠菜 200 克
辅料 盐 2 茶匙｜花生油 10 毫升｜料酒 2 茶匙
     胡萝卜 50 克｜油醋汁 30 毫升

👍 日式风情的厚蛋烧，用油量介于煎鸡蛋和白煮蛋之间，油脂摄入合理。将胡萝卜加入蛋液中，做出来的厚蛋烧切面呈现出色彩鲜艳的一圈圈纹理，能让普通的食材瞬间妙趣横生。

做法

搅拌 ➡ 煎制

1 胡萝卜洗净，去皮，先切细丝，再切成小碎粒；鸡蛋放入小碗中打散，加入 1 茶匙盐、2 茶匙料酒和胡萝卜粒，搅拌均匀。

氽烫组合 ◀

7 起锅加入适量清水烧开，加入 1 茶匙盐，放入菠菜段和魔芋丝结，氽烫至水再次沸腾后立刻捞出。

8 将烫好的菠菜和魔芋丝结放入碗中，加入油醋汁拌匀，再加上厚蛋烧即可。

2 平底锅烧热，加入花生油，倒入一部分蛋液，以能全部盖住锅底即可，保持小火加热。

3 待蛋液基本凝固，用铲子从一边将蛋皮卷起，卷到尾部后再继续添加蛋液。

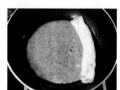

4 待第二层蛋液凝固后，将位于一边的蛋卷再卷回来，如此往复，直至用完所有蛋液。

切备 ◀

5 做好的厚蛋烧卷放凉至不烫手后，切成 1 厘米厚的厚蛋烧片。

6 将魔芋丝结冲洗两遍，沥干水分；将菠菜去根、洗净，切成小段。

烹饪秘籍

1. 鸡蛋液中加入料酒，可以很好地去掉蛋腥味。

2. 在制作厚蛋烧时可以加入葱花、秋葵等自己喜欢的食材，制作出来的厚蛋烧切面会更加鲜艳，营养也会更丰富。

在家里做天津名吃
绿豆面鸡蛋煎饼

 15分钟
难度 低

 含糖量 44g

 蛋白质 17g

总热量 284kcal

主料　鸡蛋1个｜绿豆面40克｜面粉20克
辅料　食用油少许｜小葱1棵｜香菜1棵
　　　甜面酱少许｜黑芝麻少许｜生菜2片

👍 淡淡的绿豆清香仿佛春的气息迎面而来，在家做的煎饼外软内香，就算没有薄脆和油条，也能让家人吃得停不下来，一切为了健康出发！

做法

准备 ────────────→ **煎制**

1 小葱和香菜洗净切末，生菜洗净沥干，备用。

2 绿豆面与面粉按2:1的比例混合，加80毫升水拌匀。面糊太稠不易摊开，太稀不易成形。

翻面卷起 ←

7 将鸡蛋煎饼翻面，刷上甜面酱。

8 放上生菜后将饼卷起来即可。

3 平底不粘锅烧热，倒入少许油，晃动锅体使油均匀地铺满锅底。

4 根据锅的大小，取适量面糊，均匀地在锅底摊开成薄饼。

5 面糊摊匀后，打入一个鸡蛋，再次摊匀。

6 趁着鸡蛋没有完全熟透，撒上葱花、香菜和芝麻。

烹饪秘籍

鸡蛋煎饼可以卷很多食材：酱牛肉、煎鸡胸……一切你喜欢的食材都可以放在里面，简直太百搭了。

美好的幸福
菜饼烘蛋

🕐 20 分钟
难度 低

含糖量
19g

蛋白质
13g

总热量
239kcal

👍 这道料理很像老北京的传统小吃"西葫芦塌子"，只不过稍微改动了一下做法。西葫芦具有排毒、消水肿的食疗功效，只添加简单的调料，翻新做法，变出花样，便是营养美味的一道菜。

烹饪秘籍

1. 步骤1中加盐是为了杀出西葫芦中的水分。
2. 照着以上方法做出来的鸡蛋是七成熟的，如果吃不惯，可以将鸡蛋完全焖熟再盛出。

主料 西葫芦 150 克 | 鸡蛋 1 个（约 50 克）
培根 1 片（约 20 克）| 面粉 1 汤匙
辅料 香葱 1 棵 | 盐 2 克 | 鸡精 2 克
白胡椒粉 3 克 | 食用油 10 毫升

做法

切备搅拌

1 西葫芦洗净，去掉头尾，用擦丝器擦成细丝，放入碗中，加入盐，抓拌均匀。

2 培根切成窄条；香葱洗净，去根，切成末。

3 倒出西葫芦丝中的水分，加入面粉、培根条、葱末，再加入鸡精、盐和白胡椒粉调味，搅拌成面糊。

煎制

4 平底锅加热，锅中均匀刷一层食用油；倒入西葫芦丝面糊，用铲子将面糊堆成一堆，在中间挖一个小坑。

5 加入1汤匙清水，盖上锅盖，先小火将西葫芦面糊焖煎到八成熟，至底部微微金黄、表面完全凝固。

6 打开锅盖，将鸡蛋磕入面糊坑中，再盖上锅盖，焖煎到蛋清变白，然后打开锅盖，将西葫芦饼和鸡蛋滑到盘子中即可。

主料　土豆 2 个（约 200 克）
　　　鸡蛋 2 个（约 100 克）｜西芹 50 克
　　　圣女果 50 克
辅料　腰果 20 克｜黑胡椒碎 1 茶匙
　　　油醋汁 30 毫升｜紫洋葱 50 克
　　　盐少许

全家人都爱吃
土豆拌溏心蛋

⏱ 30 分钟
🥄 难度 低

含糖量
56g

蛋白质
24g

总热量
468kcal

做法

切备

1　将土豆洗净，去皮，切成 5 厘米见方的小块；将圣女果去蒂，洗净，对半切开；将紫洋葱去皮、去根，切成碎粒。

煮制

2　将西芹洗净，去根、去老叶，斜切成小段，放入煮沸的淡盐水中汆烫 1 分钟后捞出，沥干水分。

3　将切好的土豆块放入汆烫过西芹的淡盐水中煮熟，沥干水分。

4　小锅放冷水，放入鸡蛋，开中火煮至沸腾后关火，盖上盖子闷 2 分钟，捞出，放在冷水中浸泡备用。

👍 谁说素食不好吃？只要食材够丰富，调味够香浓，吃素一样很满足。朴素的土豆块，配上喷香的腰果，满足嘴巴的同时，营养也丰富。

混合调味

5　将土豆块、西芹、圣女果，腰果、洋葱粒放入沙拉碗中，淋上油醋汁搅拌均匀。

6　将煮好的溏心蛋剥壳放在上面，用餐刀切开，使溏心流出，撒上黑胡椒碎即可。

烹饪秘籍

1. 判断土豆块是否煮熟，只需要捞出一块仔细观察，内部没有白心、全部变成半透明状即可。

2. 如果不喜欢溏心蛋，也可以将鸡蛋煮至全熟，然后切成小丁。

经典地中海风味
托斯卡纳面包拌蔬菜

⏱ **70** 分钟

🥄 难度 低

含糖量
83g

蛋白质
19g

总热量
703kcal

主料　短法棍面包 1 个 | 黄甜椒 1 个
　　　番茄 8 个 | 橄榄 8 粒 | 水瓜柳 8 粒
辅料　罗勒叶 5 克 | 蒜末 1 茶匙
　　　黑胡椒碎少许
　　　橄榄油巴萨米克醋油醋汁 2 汤匙

做法

烤制切备

1 把黄甜椒放在火上烧至表皮焦黑（烧得不均匀很难撕下皮），用清水洗干净。

2 将处理好的黄甜椒去皮，切成粗条。

3 将番茄去皮，切成块，用手稍稍挤出汁（汁留用）。

4 将法棍面包切成适口的块。

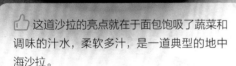
👍 这道沙拉的亮点就在于面包饱吸了蔬菜和调味的汁水，柔软多汁，是一道典型的地中海沙拉。

混合调味

5 将面包块、番茄以及番茄汁、罗勒叶、黄甜椒条、橄榄、水瓜柳、蒜末、少许黑胡椒碎、油醋汁一同放入大碗中混合均匀，覆上保鲜膜，冷藏 1 小时使风味充分融合。

6 待面包充分吸收汤汁，即可装盘。

烹饪秘籍

1. 没有黄甜椒可以用红甜椒或者青甜椒代替。

2. 用恰巴塔等欧式面包代替法棍面包也可以，但请不要使用质地过于柔软的吐司。

3. 水瓜柳也叫刺山柑花蕾，是一种地中海地区常见的沙拉配料，酸咸而鲜，没有可省略。

主料　鸡胸肉 200 克｜苦菊 50 克
　　　欧包 1 个（约 100 克）
　　　牛油果半个（约 50 克）
辅料　盐少许｜黑胡椒粉少许

沙拉也能变汉堡
蔬菜鸡肉堡

⏱ 20 分钟
♨ 难度 低

含糖量 38g ｜ 蛋白质 66g ｜ 总热量 515kcal

做法

煮鸡胸

 1 将鸡胸肉冷水入锅，煮熟后捞出。

 2 将鸡胸肉切成薄片，加入少许盐和黑胡椒粉抓匀。

切备

 3 将苦菊洗净，一片片择下，沥干水。

 4 把牛油果的果肉挖出，放入料理机中，搅打成牛油果泥。

 5 将欧包对半切开，注意不要切断。

👍 吃腻了寡淡的蔬菜，总想换个花样满足自己的胃。香浓的牛油果泥混合脆爽的蔬菜和软嫩的鸡胸肉，小小的沙拉包里有着征服味蕾的魔法。

组合

 6 取适量鸡胸片和苦菊夹入餐包中，挤上适量牛油果泥即可。

烹饪秘籍

将搅打至顺滑的牛油果泥放入裱花袋中，这样挤在餐包上线条会更加好看。如果没有裱花袋，也可以用餐刀将牛油果泥涂抹在餐包的缝隙中，再夹入鸡胸片和苦菊叶。

中西融汇入早餐

蘑菇薏米碗

⏱ 50 分钟

难度 低

🥄 含糖量 49g

🥚 蛋白质 15g

☀ 总热量 264kcal

传统的中式谷物薏米口感软糯，养颜美白、健脾利湿。搭配菌菇和菠菜，膳食纤维非常丰富且热量低。可以添加肉类、海鲜或者鸡蛋来平衡营养和风味，也可以作为代餐沙拉食用。

烹饪秘籍

1. 除了香菇和蘑菇，还可以使用蟹味菇、白玉菇、平菇、鸡腿菇等养殖菌类，多种一起使用口感更丰富。
2. 使用柑橘油醋汁代替橄榄油巴萨米克醋油醋汁，风味更为清爽。

主料 蘑菇 100 克｜鲜香菇 100 克
薏米 50 克｜菠菜 100 克
辅料 橄榄油 1 茶匙
橄榄油巴萨米克醋油醋汁 1 汤匙
盐少许｜黑胡椒碎少许

做法

煮薏米

1 将薏米提前一天浸泡，洗净。

2 用电饭煲将薏米煮熟（需要多加一些水）。

切备

3 将菠菜洗净，切段，用微波炉加热熟，稍微挤干水分备用。

4 将香菇和蘑菇分别洗净，切成厚片。

炒熟调味

5 平底锅烧热，放入橄榄油，加入蘑菇片和香菇片翻炒，用盐和黑胡椒碎调味。

6 将菠菜、薏米、蘑菇、香菇、橄榄油巴萨米克醋油醋汁一同放入大碗中拌匀，装盘即可。

主料　薏米 50 克｜荷兰豆 6 个｜芦笋 3 根
　　　西蓝花 100 克
辅料　柑橘油醋汁 1 汤匙｜盐少许

绿蔬薏米碗

🕐 50 分钟
🔥 难度 低

含糖量
44g

蛋白质
13g

总热量
234kcal

做法

煮薏米

将薏米提前一天浸泡，洗净。　1

用电饭煲将薏米煮熟（需要多加一些水）。　2

切备

将芦笋削去老皮，洗净，切成段。　3

西蓝花洗净，切成小朵；荷兰豆择洗干净。　4

煮熟调味

烧滚一锅水，加入少许盐，放入芦笋、荷兰豆、西蓝花烫熟，取出控水。　5

在碗中放入薏米打底，摆上芦笋、西蓝花、荷兰豆，淋上柑橘油醋汁可。　6

👍 薏米粒粒分明的口感，浸润在柑橘风味的沙拉汁中，搭配上各式绿色蔬菜，清爽低热量。用薏米代替主食，热量更低，膳食纤维更丰富，饱腹感更强。

烹饪秘籍

薏米性寒凉，可以使用炒过的薏米，且炒过的薏米除湿的效果更好。也可以用大麦、糙米、燕麦仁代替薏米。

撩人罗勒香
青酱虾仁拌鹰嘴豆

⏱ 15分钟
💧 难度 低

含糖量 43g
蛋白质 49g
总热量 392kcal

👍 以新鲜罗勒、橄榄油、松子等混合而成的青酱是最经典的地中海酱汁，清新浓郁，非常适合用在沙拉中提升香味。鹰嘴豆富含蛋白质、膳食纤维，是西餐中常见的豆类。

主料　虾仁 12 只 | 鹰嘴豆罐头 100 克
　　　水果黄瓜 1 根 | 圣女果 6 个
辅料　青酱 2 茶匙 | 基础油醋汁 2 茶匙
　　　盐少许 | 黑胡椒碎少许 | 橄榄油少许

做法

煎虾仁

1 将虾仁洗干净，用盐和黑胡椒碎腌5分钟。

2 平底锅烧热，加入少许橄榄油，放入虾仁煎熟。

准备

3 将水果黄瓜洗净，切成粒；圣女果洗净，一切为二。

制酱混合

4 在大碗中将青酱和基础油醋汁混合。

5 加入煎好的虾仁、水果黄瓜、圣女果、鹰嘴豆拌匀，装盘即可。

烹饪秘籍

1. 可以将虾带壳煎熟，直接搭配在旁边食用，尤其适合阿根廷红虾、云南黑虎虾、对虾这类个头较大的海虾。
2. 也可以使用玉米罐头、白芸豆罐头等代替鹰嘴豆罐头。

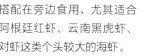

主料　鹰嘴豆 50 克｜樱桃萝卜 100 克
　　　芝麻菜 50 克｜胡萝卜 50 克
　　　德式白肠 100 克
辅料　油醋汁 30 毫升｜核桃仁 20 克

品尝日耳曼风味
鹰嘴豆拌德式白肠

🕐 30 分钟
🥄 难度 低

含糖量 26g ｜ 蛋白质 25g ｜ 总热量 631kcal

做法

煮制

1. 将鹰嘴豆清洗好，提前一晚用清水浸泡。

2. 锅中加入豆子体积3倍的清水，放入鹰嘴豆，大火煮沸后转小火煮10分钟。

煎制切备

3. 平底锅加热，放入德式白肠，边煎边转动，煎至外皮呈金黄色、内部熟透，盛出，稍微放凉备用。

4. 将煮好的鹰嘴豆捞出，沥干水分，放入沙拉碗中；将煎好的德式白肠切成0.5厘米厚的小圆片。

5. 樱桃萝卜和胡萝卜分别洗净，沥干，萝卜缨子弃用，将樱桃萝卜和胡萝卜分别切成约0.1厘米薄的小片；芝麻菜洗净，去除老叶和根部，切成约3厘米的小段。

混合调味

6. 将煮好的鹰嘴豆、德式白肠、樱桃萝卜、胡萝卜和芝麻菜一起放入沙拉碗中，淋上油醋汁，再撒上核桃仁即可。

👍 鹰嘴豆含有丰富的植物蛋白质和膳食纤维，配上喷香的德国白肠、水灵灵的小萝卜，再点缀上具有浓郁芝麻香气的菜叶，就是一份解馋又养眼的德式料理。

烹饪秘籍

樱桃萝卜和胡萝卜一定要切得足够薄，才会更美观，也会更入味。

健康营养的五谷杂粮
饱腹谷物杯

⏱ 40 分钟
🔥 难度 中

含糖量
58g

蛋白质
13g

总热量
308kcal

👍 与普通精制白米相比，糙米的维生素、矿物质与膳食纤维的含量更加丰富，被视为一种绿色的健康食品。和燕麦、红豆、薏米等谷物搭配，小小的一碗也能让人吃饱。健身人士食用，既能增长肌肉，又不会长胖。

主料　生菜叶 2 片（约 50 克）｜苦菊叶 50 克
　　　圣女果 6 个（约 60 克）
　　　即食麦片 3 汤匙（约 45 克）
辅料　糙米少许｜红豆少许｜薏米少许
　　　沙拉汁少许

做法

煮制谷物

1 将糙米、红豆和薏米淘洗干净，将这些谷物提前浸泡一夜备用。

2 用高压锅将谷物煮半小时左右，注意不要将谷物煮烂，尽量保持它弹牙的口感。

切备

3 将生菜叶和苦菊叶洗净，撕成适宜的大小；圣女果洗净，对半切开。

组合

4 将生菜叶、苦菊叶和圣女果放入梅森瓶中，加入适量煮好的谷物及即食麦片。

5 根据个人喜好淋入适量沙拉汁，盖上瓶盖摇匀即可。

烹饪秘籍

经过煮制后的谷物易消化，不伤胃。如果喜欢香脆的谷物，也可以煮熟后用黄油拌匀，放入烤箱中烤脆。

👍 目前最流行的营养健康餐非隔夜燕麦莫属了，只需在临睡前，将所有材料混合好后放入冰箱密封冷藏一整夜，早上起来即可得到一份美味营养餐。

主料 燕麦片 30 克 | 牛奶 100 毫升
辅料 香蕉半根 | 葡萄干少许 | 坚果碎少许

火遍全球的生活方式
隔夜燕麦杯

🕐 20 分钟
难度 低

含糖量 72g | 蛋白质 24g | 总热量 721kcal

做法

准备

将葡萄干洗净灰尘，用厨房纸巾吸干水分。 **1**

将香蕉剥去外皮，切成薄片。 **2**

↓

冷藏组合

在梅森杯中依次放入燕麦片、葡萄干、牛奶和香蕉，盖好冷藏一夜。 **3**

燕麦片充分吸收牛奶膨胀变软，食用前取出梅森杯，打开盖子放入坚果碎即可。 **4**

烹饪秘籍

肠胃不好、想吃点热的也没关系，提前将隔夜燕麦杯取出放至室温，或者放入微波炉加热30秒就可以了，这样对肠胃不会有刺激。

营养满分的早餐
综合谷物麦片水果杯

⏱ 5分钟
💧 难度 低

 含糖量 135g
 蛋白质 22g
 总热量 704kcal

👍 这是一款简单快手、营养均衡、色彩丰富的满分早餐，作为饭后甜点也很适合。

| 烹饪秘籍 |
可以根据自己的喜好选择水果品种，如蓝莓、草莓、树莓、杨桃、杏子、桃子等。建议选用稠厚的希腊酸奶，或者老酸奶，不建议选用质地稀薄的酸奶或者乳酸菌饮料。

主料 红心火龙果半个｜猕猴桃 1 个
　　　芒果肉 100 克
辅料 酸奶（稠厚）200 毫升
　　　谷物麦片 100 克

做法

切备

1 将红心火龙果去皮，切成适合入口的小块。

2 将猕猴桃去皮，切成适合入口的小块。

3 芒果肉切成适合入口的小块。

组合

4 将红心火龙果铺入杯底。

5 放上一层酸奶。

6 撒上一层谷物麦片。

7 再按照芒果、酸奶、谷物麦片、猕猴桃、酸奶、谷物麦片的顺序铺好即可。

牛油果班尼迪克蛋开放式三明治

🕐 15 分钟
🥄 难度 中

含糖量
51g

蛋白质
21g

总热量
495kcal

班尼迪克蛋其实是美国一种早餐的名称，其中用到了松饼、水波蛋、培根和荷兰酱。水波溏心蛋可以说是其中的精髓，一口咬下去会流出鲜嫩的蛋液。

主料　鸡蛋 1 个 | 牛油果半个
辅料　全麦面包 1 片 | 白醋 2 汤匙
　　　现磨黑胡椒少许

烹饪秘籍

煮班尼迪克蛋的水中加一点白醋可以加速蛋白凝固，从而缩短鸡蛋的烹煮时间，也从另一方面保证了蛋黄的溏心效果。

做法

煮蛋

1 将鸡蛋提前打入一个小碗中备用。

2 在小汤锅中放入足量的水，加入白醋煮开后关火，用勺子顺时针搅拌几圈，形成漩涡。

3 轻轻放入鸡蛋，待漩涡停止后开小火，加热约4分钟。将鸡蛋捞出用厨房纸吸干表面水分备用。

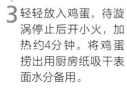

准备

4 将牛油果剥去外皮，切成厚片。

组合调味

5 将牛油果和鸡蛋依次摆在全麦面包上。

6 最后在鸡蛋最上方撒一些现磨黑胡椒即可。

用广式手法做西餐
和风海苔虾滑蛋
开放式三明治

🕐 **20**分钟

🌡 难度 中

 含糖量 44g

 蛋白质 31g

 总热量 381kcal

主料　大虾仁 4 只｜鸡蛋 1 个
辅料　全麦面包 1 片｜海苔碎少许｜料酒 1 汤匙
　　　盐少许｜白胡椒粉少许｜食用油适量

👍 虾仁滑蛋是广式招牌靓菜之一，蛋不要完全炒熟，保留一些略有些湿润的蛋液口感更好，"滑"字的精髓就在这里。

做法

准备　━━━━━━━━━━━━━━━━━>　**滑蛋虾仁**

1 将虾仁对半剖开，去除虾线，用料酒、盐和白胡椒粉将虾仁腌制 10 分钟入味。

2 将鸡蛋在碗中打散，使蛋清和蛋黄充分混合。

组合　◁━━━━━━━━

8 将炒好的虾仁滑蛋放在全麦面包上，撒上少许海苔碎即可。

3 炒锅烧热，倒入适量油，大火将虾仁炒熟。

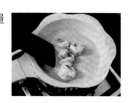

4 将虾仁沥干油，倒入盛有蛋液的碗中备用。

5 另起炒锅烧热，倒入适量油。转动锅体，使油充分分布在四周。

6 油热后将蛋液倒入锅中，调成中火。

7 不要立刻翻炒，待蛋液稍微凝固时，由外向内翻炒至有八成蛋液凝固即可关火，用余温炒熟。

烹饪秘籍

白胡椒粉和虾仁很搭，白胡椒香味稍淡，辣味更浓，能够提鲜，适合做汤也适合与海鲜搭配。黑胡椒则香味更浓，更适合肉菜。

健康轻食
烤彩椒小番茄开放式三明治

🕐 30 分钟
难度 低

含糖量 60g | 蛋白质 14g | 总热量 396kcal

主料 法棍面包半根｜小番茄适量
黄彩椒 1 个
辅料 橄榄油适量｜迷迭香少许｜盐 1 茶匙
现磨黑胡椒适量｜希腊酸奶 100 毫升

做法

准备

1 小番茄洗净去蒂，黄彩椒洗净后切成约 1 厘米宽的条。

2 在烤盘上铺一张油纸，放入小番茄和黄彩椒。

调味烤制

3 将橄榄油、迷迭香、盐和现磨黑胡椒均匀地分布在烤盘里。

4 烤箱220℃预热，烘烤10~15分钟，取出翻拌一次，再放入烤箱烤约10分钟，小番茄的表皮裂开就可以了。

切备组合

5 法棍面包切成约1厘米厚的片。

6 在面包上涂适量希腊酸奶，再放上适量烤好的小番茄及黄彩椒即可。

💭 无论是彩椒还是小番茄，都可以直接洗净生吃，但你一定要试试这个做法。烤熟之后的彩椒和小番茄散发着酸甜气息，比生吃时的感觉浓郁好几倍。

烹饪秘籍

希腊酸奶浓稠丰厚，比普通酸奶的蛋白质含量更高。也可以换成芝士，口感略有不同，但营养价值一样丰富。

2
Chapter

美味的能量沙拉
——减糖餐中，少不了高蛋白的能量沙拉

牛排做主角
泰式牛排生菜沙拉

20分钟
难度 低

含糖量
15g

蛋白质
47g

总热量
416kcal

👍 这是一款以牛排为主角的沙拉，用酸辣的泰式调味料搭配大量蔬菜，营养均衡、味道丰富，适合作为主菜或者便当。

主料 菲力牛排 1 块（约 200 克）
罗马生菜 1 棵│黄瓜 1 根
圣女果 6 个

辅料 红葱头碎 1 汤匙│香菜段 10 克
香茅 1 枝│青柠汁 1 汤匙
红辣椒 1 个│橄榄油 1 汤匙
海盐适量│黑胡椒碎适量

做法

制作牛排 ➡ 切备

1 将牛排撒上少许海盐、部分黑胡椒碎、部分橄榄油，腌渍5分钟。

2 平底锅烧至冒烟，放入牛排，煎至自己喜欢的熟度。

3 取出牛排放在菜板上，静置10分钟。

4 罗马生菜撕成适口的大小，洗净，用沙拉甩干机甩干水分。

5 将圣女果一切为二。

6 将红辣椒去子切成圈；香茅取根部嫩心，斜切成极薄的片。

7 将黄瓜去心切成片。

混合调味 ⬅

9 将牛排切片，摆在盘中，淋上剩下的沙拉汁即可。

8 将香茅片、青柠汁、红葱头碎、红辣椒、香菜段、剩余海盐、橄榄油及黑胡椒碎混合成沙拉汁。将罗马生菜、圣女果、黄瓜和一半沙拉汁混合均匀，装盘。

营养从早餐开始
煎牛肉能量碗沙拉

🕐 **45**分钟
🥄 难度 高

含糖量
83g

蛋白质
63g

总热量
1326kcal

主料　牛排 200 克｜干鹰嘴豆 150 克
辅料　紫甘蓝 1/4 个｜生菜叶 2 片｜腰果少许
　　　盐少许｜巴旦木少许｜葡萄干少许
　　　柠檬汁少许｜橄榄油适量

👍 鹰嘴豆富含膳食纤维和蛋白质，升糖指数也很低，受到有减脂健身需求人群的青睐。不仅可以作为主食的替代品，还可以用来抹吐司、拌沙拉。

做法

制作豆泥　━━━━━━━▶ 煎制准备

1 将干鹰嘴豆提前用清水浸泡一夜，泡软备用。

2 将鹰嘴豆放入小锅中煮熟，可以用指甲轻松掐开时便可盛出。

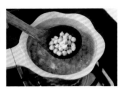

3 取一个大盆加入足量清水，不断揉搓豆子，洗去外皮。

4 将鹰嘴豆放入料理机，加入少许盐和柠檬汁搅打成鹰嘴豆泥。如果觉得太干，可以加入一点煮豆子的水进行调节。

5 平底锅烧热，淋入橄榄油，放入牛排煎熟。

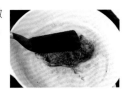

6 将紫甘蓝和生菜叶洗净沥干，撕成适口大小的片。

摆盘调味 ◀

7 将做好的鹰嘴豆泥作为基底，摆放在碗中央，周围配上紫甘蓝和生菜叶。

8 牛排切成约一指宽的长条也放入碗中，最后撒入腰果、巴旦木和葡萄干即可。

烹饪秘籍

煎牛排前，可以用盐和现磨黑胡椒给牛肉来个"全身按摩"，提前将牛排腌制15分钟，入味后再煎风味更佳。

米其林般的星级享受
牛肉粒彩椒
沙拉盅

🕐 30 分钟
🔥 难度 中

含糖量
14g

蛋白质
55g

总热量
444kcal

主料	红色彩椒 1 个（约 100 克） 牛排 1 小块（约 200 克）
辅料	青豆少许｜甜玉米粒少许 苦菊叶少许｜黑胡椒粉少许 盐少许｜黄油 10 克

做法

准备

1 将彩椒洗净，在1/4处横着切成两半，用小刀小心地将彩椒里面的子和筋剔去。

2 锅中加入足量水煮沸，将青豆和甜玉米粒汆烫半分钟左右，捞出沥干水分备用。

3 将苦菊叶洗净，一片片择下，甩干水。

煎制

4 平底锅中加入黄油，将牛排煎制七八成熟后关火，撒上盐和黑胡椒粉调味。

5 煎好的牛排取出，切成1厘米见方的小丁。

组合

6 将所有处理好的食材混合均匀，用勺子填入彩椒盅里即可。

👍牛肉是健身爱好者食谱中最常见的食材之一，可以及时补充蛋白质需求。搭配颜色各异的蔬菜，低脂低热量，不仅更加养眼，营养配比也更加均衡。

烹饪秘籍

任意颜色的彩椒都可以做彩椒盅，尽量选择形状周正、底部平稳的彩椒，这样盛入沙拉后比较稳固，不易撒出来。

浪漫的邂逅
普罗旺斯薰衣草海鲜沙拉

🕐 25 分钟
难度 中

含糖量
17g

蛋白质
76g

总热量
426kcal

主料 鱿鱼筒 1 条（约 200 克）
鲜虾 200 克｜带子 3 个（约 100 克）

辅料 紫甘蓝 1 片｜叶生菜 1 片
干薰衣草粒 2 茶匙｜现磨黑胡椒粉少许
海盐少许｜油醋汁少许

👍 薰衣草是一种原产于南欧的芳香灌木，薰衣草精油具有缓解焦虑、安神促眠的作用。薰衣草除了可以做成香包，也可以冲泡茶饮或在烹饪中作为调料增添芳香。

做法

准备汆烫

1 鱿鱼筒洗净，撕去内外的膜，切成约 1 厘米宽的鱿鱼圈。

2 鲜虾剥去外壳，剔去虾线，留下虾仁备用。

3 汤锅内加入水煮沸，分别下入鱿鱼筒、鲜虾和带子在沸水中汆烫 30 秒左右，烫好后迅速将海鲜捞出过凉水。

4 紫甘蓝切成尽可能细的丝，叶生菜沿脉络撕成小片。

混合调味

5 将海鲜沥干水分，与紫甘蓝丝、叶生菜混合。

6 淋入油醋汁拌匀，撒入现磨黑胡椒粉、海盐和干薰衣草粒即可。

烹饪秘籍

多余的干薰衣草粒可以与橄榄油以 1：7 的比例放入密封罐中，在阴凉的地方浸泡 1 个月就可以制成薰衣草浸泡油。用薰衣草浸泡油按摩，可以起到淡化疤痕、舒缓镇定的作用。

仿佛缤纷画卷
泰式大虾西柚沙拉

⏱ 25 分钟
🥄 难度 低

含糖量 35g | 蛋白质 33g | 总热量 275kcal

主料　大个葡萄柚 1 个（约 300 克）
　　　草虾 8 只（约 160 克）
辅料　白醋 1 汤匙 | 生姜 10 克
　　　柠檬汁 20 毫升 | 橄榄油 2 茶匙
　　　黑胡椒碎适量 | 芦笋 2 根（约 30 克）
　　　盐少许

做法

准备

1 将葡萄柚去皮，将果肉切成适口的小块；芦笋洗净，切去老根，斜切成约2厘米的小段；生姜洗净、切片。

2 将芦笋段放入煮沸的淡盐水中，煮至水再次沸腾后关火，捞出沥干水分，放凉备用。

3 另起一锅水，水中加入白醋和生姜片，烧至沸腾。

煮虾

4 将草虾洗净，开背去虾线，接着放入水中汆烫至完全变色。

5 将汆烫好的大虾放入冰水中冰镇降温，然后去头、去壳，分离出虾肉。

组合调味

6 将虾肉、柚子果肉、芦笋段一起放入沙拉碗中，淋入柠檬汁和橄榄油，撒上黑胡椒碎，搅拌均匀即可。

👍 西柚酸酸甜甜，散发着不可抵挡的香气，它的维生素C含量丰富，搭配高蛋白的虾肉，再佐以充满朝气的芦笋，瞬间这盘沙拉就变得高大上起来。

烹饪秘籍

用加了白醋的开水汆烫大虾，醋酸会让蛋白质熟化的速度加快，使虾肉更光滑，吃起来更加鲜嫩，虾壳也更容易剥离。

主料　芒果 1 个（约 200 克）| 牛油果 80 克
　　　新鲜大虾 8 只（约 160 克）
辅料　圣女果 6 个（约 100 克）
　　　泰式酸辣酱 20 克 | 叶生菜 50 克
　　　紫甘蓝 50 克 | 熟花生仁碎
　　　料酒 1 汤匙 | 生姜片 4 片

浓郁热带风情
鲜虾芒果沙拉

◔ 25 分钟
💧 难度 低

含糖量 37g　蛋白质 35g　总热量 401kcal

做法

煮虾

1 将新鲜大虾洗净，去头、去壳、去虾线，为了成品美观，虾尾可以保留。

2 将处理好的大虾放入加了生姜片和料酒的沸水中，汆烫成熟，捞出沥干水分，放凉备用。

切备

3 牛油果对切两半，去除果核，挖出果肉，切成2厘米左右的块。

4 圣女果去蒂、洗净，对切成两半；叶生菜洗净，沥干后用手撕成适口的小块儿。

5 芒果去皮，去除果核，切成2厘米左右的块；紫甘蓝洗净，沥干水分后切掉根部和老叶，切成细丝。

混合调味

6 将以上处理好的全部食材放入干燥的沙拉碗中，淋上泰式酸辣酱和熟花生仁碎，搅拌均匀即可。

👍 粉嫩嫩的大虾，黄灿灿的芒果，搭配多汁的蔬菜，再加上口感细腻绵软的生油果，红绿黄一大盘，营养全面，热量合理，是减脂期颇受欢迎的一道料理。

烹饪秘籍

汆烫虾仁的水中加了生姜片和料酒，可以更好地去除虾的腥味。

随便拌拌都好吃
泰式大虾能量碗沙拉

🕐 35 分钟
🥄 难度 中

含糖量
17g

蛋白质
38g

总热量
350kcal

主料　红柚 1/4 个｜虾仁 300 克｜荷兰黄瓜 1 根
辅料　橄榄油适量｜柠檬 1/4 个｜鱼露 1 汤匙
　　　大蒜 2 瓣｜薄荷叶少许｜花生米 2 汤匙
　　　盐少许｜青柠 2 个｜小米椒 1 个
　　　泰式甜辣酱少许｜洋葱 1/4 个

👍泰式餐食特有的酸甜清新不仅让人很
清爽，也让肠胃无负担。柚子不仅水分
多，糖分也比较低，是很健康的食材。

做法

准备

1 将红柚剥去外皮和白色薄膜，将果肉部分放入冰箱冷藏一会儿口感更好。

2 将洋葱切细丝，小米椒和大蒜切碎，荷兰黄瓜切薄片。

焙制花生

3 炒锅烧热，不用放油，小火将花生米焙熟。

4 将花生米取出冷却，去除外层的红皮后碾碎。

混合调味

7 小碗中加入鱼露、泰式甜辣酱、蒜末、小米椒，加入少许清水搅拌后，挤入青柠汁和柠檬汁。

8 沙拉碗中放入红柚、虾仁、薄荷叶、黄瓜片、洋葱丝，淋上做法7的酱汁即可。

煎虾

5 将虾仁挑去虾线，加盐腌15分钟。
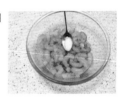

6 锅中淋入少许橄榄油，将腌好的虾仁两面煎香，起锅待用。

烹饪秘籍

薄荷叶清洗干净后，在手掌中用力拍几下，可以令薄荷叶中的芳香物质快速释放出来。也可以将薄荷叶切成细丝一起拌入沙拉中食用。

本味就很好吃
蟹肉荷兰豆
牛油果沙拉

⏱ 5 分钟
难度 低

含糖量
21g

蛋白质
14g

总热量
348kcal

👍荷兰豆和牛油果的口感一脆一软，对比鲜明，搭配清甜的蟹肉，再用基础油醋汁衬托出食材本身的味道，简简单单就很好吃。牛油果中的脂肪属于单不饱和脂肪酸，有降低胆固醇、血脂的作用，适合健身减肥的人士食用。

主料　荷兰豆 200 克｜牛油果 1 个
　　　蟹肉（熟）100 克｜综合生菜 50 克
辅料　基础油醋汁 1 汤匙｜盐 1 茶匙

做法

氽烫

1 将荷兰豆择洗干净。

2 烧热一锅水，放入1茶匙盐，放入荷兰豆煮熟，捞出控水。

混合调味

3 将牛油果一切为二，去核去皮，切成厚片。

4 将综合生菜、牛油果、荷兰豆放入盘中，摆上蟹肉，淋上基础油醋汁即可。

烹饪秘籍

1. 荷兰豆可以用甜豆或者豆角代替，一定要充分煮熟。
2. 用柑橘油醋汁替换基础油醋汁，风味更清新。

👍甜辣酱加柑橘油醋汁，酸辣回甜。丰富的食材，美味又养眼，装在玻璃罐里带着上班吧。蟹肉是一种热量相对较低的海鲜，高蛋白低脂肪，是瘦身期间的优质蛋白质来源。

主料　圣女果 10 个｜水果黄瓜 2 根
　　　　熟蟹肉 100 克｜综合生菜 50 克
辅料　泰式甜辣酱 1 茶匙｜柑橘油醋汁 1 汤匙

惹味的酸甜辣
辣味番茄黄瓜蟹肉沙拉

🕐 5 分钟
难度 低

含糖量 15g ｜ 蛋白质 16g ｜ 总热量 137kcal

做法

准备

将圣女果洗净，一切为二。 **1**

将水果黄瓜一剖为二，切成1厘米长短的块。 **2**

制汁

将泰式甜辣酱和柑橘油醋汁在小碗中混合均匀成沙拉汁。 **3**

混合调味

在大碗中放入圣女果、黄瓜、综合生菜、步骤3中调好的沙拉汁混合均匀。 **4**

连同汤汁一起装盘，撒上熟蟹肉即可。 **5**

烹饪秘籍

1. 可以添加一些奶油奶酪或者牛油果，风味更佳。
2. 蟹肉尽量选择新鲜的海蟹拆肉。
3. 喜欢辣味的，可以添加一些红色美人椒圈。

健康减肥餐
日式金枪鱼沙拉

🕐 20 分钟
难度 低

含糖量 44g

蛋白质 38g

总热量 353kcal

主料 水浸金枪鱼罐头 1 罐（净重约 150 克）
黄瓜 1 根（约 120 克）
胡萝卜 1 根（约 120 克）
玉米 1 根（约 140 克）

辅料 低脂沙拉酱 25 克｜洋葱粒 50 克
苦苣 30 克

做法

准备

1 将水浸金枪鱼罐头沥掉多余水分，取出鱼肉放入碗中，用勺子捣碎。

2 将黄瓜洗净，去头尾，切成约2厘米长的细丝；胡萝卜洗净，去皮后切成和黄瓜丝一样的细丝。

3 将苦苣洗净，去除老叶和根部，撕开后掰成小块。

煮制

4 将玉米粒剥下，放入沸水中氽烫3分钟后捞出沥干。

混合调味

5 将以上所有处理好的材料放入沙拉碗中。

6 加入洋葱粒，搅拌均匀，淋上低脂沙拉酱即可。

👍 金枪鱼鲜美无比，作为深海鱼类，它含有极为丰富的优质蛋白质，脂肪含量却很低，将它作为沙拉的主料，加上玉米粒，口感瞬间变得富有层次。

烹饪秘籍

黄瓜是容易出水的食材，放久了会有水分析出，所以这道沙拉做好之后应该尽快食用。

👍越简单的加工方法越能保留食材的原汁原味。金枪鱼富含不饱和脂肪酸，豆腐是优质蛋白质的来源。这道好吃、简单又健康的沙拉，在减脂期间能够改善身体状况，当然人见人爱。

人见人爱的沙拉
金枪鱼豆腐沙拉

🕐 12 分钟
💧 难度 低

含糖量 12g

蛋白质 76g

总热量 560kcal

主料 北豆腐 300 克
水浸金枪鱼罐头 250 克

辅料 柠檬汁 1 茶匙 | 香葱碎 10 克
洋葱碎 4 克 | 酸黄瓜碎 20 克
美极鲜酱油 2 茶匙 | 白醋 2 茶匙
黑胡椒半茶匙 | 橄榄油 1 茶匙

做法

准备

把北豆腐从盒中取出，在清水中轻轻冲洗一下，控干水。 **1**

取一个干净的大碗，将辅料中的所有材料混合均匀。 **2**

混合

取出金枪鱼，轻轻冲洗一下，擦干表面水分，放入调好酱料的大碗中，将鱼肉打散，和所有调味料拌匀。 **3**

把控干水的北豆腐用手捏碎，拌到金枪鱼里就可以了，用来抹吐司、做沙拉、拌面都很好吃。 **4**

烹饪秘籍

热豆腐容易引起鱼腥味，所以推荐直接使用冷藏的盒装豆腐，或者汆一下水后放凉再用也可以。

韩国人的家常味道
韩式银鱼辣白菜沙拉

🕐 **30**分钟
📊 难度 中

🥄 含糖量 **9g**

🥚 蛋白质 **27g**

☀️ 总热量 **169kcal**

👍 银鱼是一种高蛋白低脂肪的食材，多吃也不会长肉。中医认为银鱼具有益肾增阳、补虚活血、健脾润肺等功效，是上等滋养补品。

主料 小银鱼干1小把（约50克）
辣白菜50克
荷兰黄瓜1根（约100克）
樱桃萝卜2个（约40克）

辅料 花生油2汤匙｜生菜叶适量
韩国辣酱适量

做法

翻炒调味

1 银鱼干用温水泡软，清洗干净后用厨房纸巾吸干多余水分。
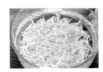

2 锅中加入花生油，将银鱼翻炒均匀。

3 将银鱼炒至金黄时，加入适量韩国辣酱，炒匀即可关火。

准备

4 将荷兰黄瓜、樱桃萝卜洗净，切成薄片；生菜叶洗净后撕成适宜入口的片。

5 辣白菜尽量挤干汁水，切成适宜的大小。

组合

6 将荷兰黄瓜、樱桃萝卜和生菜混合均匀铺于盘底，然后依次摆上辣白菜和银鱼即可。

烹饪秘籍

辣炒银鱼和辣白菜本身已经有些咸味了，所以这款沙拉不需要额外再用沙拉汁来调味，只要根据个人口味调整辣白菜和辣炒银鱼的比例即可。

👍 紫菜营养丰富，含碘量很高，可用于治疗因缺碘引起的甲状腺肿大等症。紫菜中的蛋白质和其他营养成分容易被消化和吸收，老年人和小孩也可以经常吃些紫菜。

主料 紫菜（干）15克 | 小银鱼干 15克
辅料 米醋少许 | 盐少许 | 香油少许
生菜叶适量 | 熟白芝麻少许

吃起来就不愿放下筷子
紫菜银鱼沙拉
🕙 30 分钟
💧 难度 中

含糖量 **7g**　蛋白质 **11g**　总热量 **74kcal**

做法

准备

1 银鱼干用清水洗净，放入沸水中氽烫1分钟左右，捞出沥干。

2 将生菜叶洗净，甩干水后一片片择下。

3 将紫菜撕成小片，倒入适量凉开水，将紫菜浸软。

组合调味

4 在湿润的紫菜中加入米醋、盐、香油搅拌均匀。

5 在调好味的紫菜中放入生菜叶，再次拌匀。

6 将紫菜沙拉盛入盘中，放入氽烫好的小银鱼，然后撒上一小撮熟白芝麻即可。

烹饪秘籍

浸泡紫菜的水量不用太多，只要刚好足够就好。可以一手倒水，另一手拿筷子不断搅拌使紫菜均匀沾上水分，湿度均衡。如果不小心放多了水，可以将水沥干一些再调味。

扔掉鱼罐头吧
烤秋刀鱼双色菜花沙拉

⏱ 分钟
📊 难度

含糖量 16g	蛋白质 67g	总热量 1036kcal

主料　秋刀鱼 1 条｜西蓝花 200 克
菜花 200 克

辅料　日式油醋汁 1 汤匙｜粗盐少许
黑胡椒碎少许｜味岛香松 1 茶匙
盐 1 茶匙

做法

烤制

1 将秋刀鱼处理干净，抹上粗盐和黑胡椒碎腌10分钟使其入味。

2 将烤箱预热180℃。在烤盘上垫上烘焙纸，摆上秋刀鱼，送入烤箱，烤15分钟。

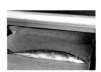

准备汆烫

3 烤至鱼皮略微焦黄，取出秋刀鱼，略微放凉，拆下鱼肉，放入碗中粗略捣碎。

4 将西蓝花和菜花分别洗净，拆成小朵。

5 锅中烧沸一锅水，加入1茶匙盐，放入西蓝花和菜花汆烫熟，捞出控干水分。

混合调味

6 将西蓝花和菜花放入盘底，撒上捣碎的秋刀鱼，淋上日式油醋汁，撒上味岛香松即可。

👍秋刀鱼富含蛋白质、ω-3脂肪酸，烤好后弄碎可以代替金枪鱼罐头，让沙拉变得丰盛起来。秋刀鱼容易腐败，释放出使人中毒的组胺，请选择足够新鲜的秋刀鱼。

烹饪秘籍

1. 味岛香松是一种常用于沙拉和饭团中的日式混合调味料，有多种口味可供选择。
2. 可以将秋刀鱼替换成其他适合烤的海鱼，如鲭鱼、三文鱼、鲷鱼等，也可以直接在平底锅里煎熟。
3. 在捣碎鱼肉时请注意将鱼刺剔除干净。

👍 芥末中含有芥子油，其辣味强烈，可刺激唾液和胃液的分泌，有开胃之功，增强人的食欲。这款沙拉热量很低，有助于纤体瘦身。

主料　章鱼1只（约200克）
　　　沙拉叶100克
　　　樱桃萝卜1个（约20克）
辅料　海鲜酱油20毫升 | 青芥末适量

美味日式沙拉
芥末章鱼沙拉

🕐 25分钟
🔥 难度 中

含糖量 30g
蛋白质 39g
总热量 288kcal

做法

煮制

1 处理掉章鱼的内脏和眼睛等，用清水洗净。

2 将整只章鱼冷水入锅，水沸后捞出，浸入冷水中。

混合调味

3 待章鱼冷却后捞出，用厨房纸巾吸干表面水分，切成适宜入口的小块。

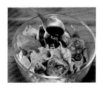
4 将章鱼块与沙拉叶、切成薄片的樱桃萝卜混合在一起，调入海鲜酱油和青芥末即可。

烹饪秘籍

芥末章鱼是日本料理中的经典小菜，在超市中可以买到即食芥末章鱼，只需要放至室温解冻就可以享用了。

鸡胸肉也多汁
罗勒番茄鸡肉沙拉

⏱ 20分钟
难度 低

含糖量
18g

蛋白质
43g

总热量
256kcal

主料　鸡胸肉1块（约150克）｜番茄1个（大）
　　　新鲜罗勒叶20克｜豆角150克
　　　综合生菜50克
辅料　橄榄油1汤匙｜柠檬汁1茶匙
　　　盐适量｜黑胡椒碎少许

👍 将煎好的鸡胸肉用番茄、罗勒煮制，吸收了番茄的汁水，不干不柴，冷吃热食皆可，最适合搭配面包。人体的消化腺分泌和肠胃的蠕动都离不开B族维生素的作用，而豆角富含B族维生素，可增加食欲，促进消化。

做法

腌制切备 ⟶

1 将鸡胸肉切成适口的大块，放入小碗中，加入几片切碎的罗勒叶、柠檬汁、少许盐和黑胡椒碎，充分拌匀，静置10分钟。

2 将番茄洗净，切成大块。

熟制食材 ⟶

3 将豆角择洗干净。烧一锅开水，撒入1茶匙盐，放入豆角汆烫熟，捞出控水。

4 取一只平底锅烧热，加入橄榄油，放入鸡胸肉煎得表面上色取出。

5 放入切好的番茄块，翻炒至略微软烂出汁。

6 加入煎好的鸡胸肉块和少许清水（保持锅底有少许汤汁），用盐和黑胡椒碎调味。

调味混合 ⟵

7 加入罗勒叶，离火，稍微放凉。

8 将豆角排在大盘中，淋上煮好的番茄罗勒鸡胸，旁边搭配综合生菜即可。

烹饪秘籍

1. 鸡胸肉可以用鸡里脊肉或者去皮鸡腿肉代替。
2. 豆角选用荷兰豆、甜豆、四季豆皆可，以法式绿豆角为佳。

一盘就吃饱
烤南瓜鸡肉沙拉

🕐 30 分钟
难度 低

含糖量
21g

蛋白质
24g

总热量
242kcal

👍 南瓜中含有南瓜多糖、果胶及多种氨基酸，常吃可以起到降血糖的作用。

主料　南瓜 200 克｜鸡琵琶腿 1 个（约 100 克）
　　　洋葱 50 克｜西蓝花 50 克｜胡萝卜 50 克
辅料　料酒 1 汤匙｜橄榄油 10 克｜盐少许
　　　黑胡椒碎半茶匙｜黑椒汁 25 毫升

烹饪秘籍

这道沙拉中的鸡腿肉也可以换成鸡胸肉，但因为鸡胸肉的口感略柴，所以要增加腌制的时间，这样才能炒出嫩滑可口的鸡肉。

做法

准备

1 烤箱180℃预热；南瓜洗净，切成小块，撒上少许盐和黑胡椒碎拌匀；将南瓜放入烤盘中，中层烘烤25分钟。

2 鸡琵琶腿剔去腿骨，切成5厘米左右的丁，如果喜欢吃鸡皮可以保留，鸡腿丁放入碗中，倒入料酒，腌制5分钟。

3 将洋葱洗净、去皮、去根，切成2厘米左右的小块；西蓝花去梗，切分成适口的小朵，放入淡盐水中浸泡洗净，沥干水分；胡萝卜洗净、去根，切成菱形块。

熟制

4 将西蓝花和胡萝卜放入煮沸的淡盐水中，余烫1分钟后捞出，沥干水分。

5 炒锅烧热，加入适量橄榄油，放入腌制好的鸡腿肉进行煸炒，炒2分钟左右，至鸡腿肉完全熟透。

混合调味

6 将烤好的南瓜、炒好的鸡腿肉、洋葱块、西蓝花和胡萝卜一起放入盘中，均匀淋入黑椒汁，食用时搅拌均匀即可。

主料　秋葵 100 克 | 鸡胸肉 150 克
辅料　玉米粒 50 克 | 豇豆 4 根（约 100 克）
　　　油醋汁 30 毫升 | 橄榄油 5 毫升
　　　黑胡椒碎适量 | 盐少许 | 料酒 1 汤匙

美味低热量
秋葵鸡胸肉沙拉

🕑 40 分钟
难度 低

含糖量 23g ｜ 蛋白质 43g ｜ 总热量 284kcal

做法

腌制煮制

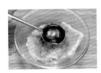
1　将鸡胸肉洗净，从侧面切开，片成薄薄的两片，加入料酒和黑胡椒碎，腌制片刻；豇豆洗净，择去头尾，切成小粒。

2　将秋葵洗净，放入煮沸的淡盐水中汆烫1分钟，沥水、放凉。

3　将玉米粒洗净，也放入煮沸的淡盐水中，保持沸腾汆烫1分钟，捞出，沥干水。

煎制切备

4　不粘锅烧热，刷一层橄榄油，放入腌渍好的鸡胸肉，煎至两面呈金黄色。

5　将鸡胸肉盛出放凉，沿短边切成1厘米宽的条状。

混合调味

6　将煮好的秋葵切去根部，切成0.5厘米厚的片状；将鸡肉条、秋葵、玉米粒和豇豆粒一起放入沙拉碗中，淋上油醋汁，拌匀即可。

👍 经过腌制的鸡胸肉口感更加嫩滑，配上高纤维的玉米粒、脆生生的豇豆和秋葵，解馋饱腹又没有热量负担。

烹饪秘籍

豇豆是可以生食的豆角品种，无毒。但是如果不喜欢生豆角的味道，可以放入沸水中汆烫一下，时间不宜过长，1分钟即可，煮得过烂会影响沙拉的口感。

低卡肉食沙拉
鸡肉柑橘西芹沙拉

⏱ 8分钟
🔥 难度 低

含糖量 28g

蛋白质 39g

总热量 291kcal

👍 虽然是一道肉食沙拉，但因为大量使用了清新的柑橘和西芹来搭配低脂的鸡胸肉，完全不会觉得油腻。西芹膳食纤维丰富，具有降血脂的功效，是一种适合减肥时期食用的蔬菜。

主料 鸡胸肉 1 块｜柳橙 1 个｜西柚半个
西芹 2 枝
辅料 柑橘油醋汁 1 汤匙

做法

煮鸡胸

1 小锅中烧开水，放入鸡胸肉大火煮开，小火煮熟，取出放凉。

2 将鸡胸肉随意地撕成方便食用的粗条。

切备

3 将西芹择洗净，去皮，斜切成约1厘米的厚片。

4 把柳橙和西柚分别去皮，取果肉瓣。

混合调味

5 将西芹、柳橙瓣、西柚瓣、鸡肉条放入盘中，淋上柑橘油醋汁即可。

烹饪秘籍

可以使用煎鸡胸肉代替煮鸡胸肉。做法：将鸡胸肉切成粗条，用盐和黑胡椒碎腌渍入味，用橄榄油煎熟即可。
如果不习惯生食西芹的味道，可以将西芹用沸水氽烫后使用。

3
Chapter

新素食主义

——适当素食帮助清理肠道

被番茄俘虏的豆腐

番茄冻豆腐蔬菜汤

🕐 20 分钟

🥄 难度 低

含糖量
19g

蛋白质
53g

总热量
540kcal

主料　冻豆腐 400 克 | 番茄 60 克
　　　小油菜 40 克
辅料　香菜碎 5 克 | 食用油半茶匙
　　　料酒 2 茶匙 | 味噌酱 1 茶匙
　　　白胡椒粉半茶匙 | 盐半茶匙

👍 整个番茄融化在锅里，宣扬着自己的味道；冻豆腐像小海绵一样吸满鲜美的汤汁。这道汤不需花费很多时间，不急不躁也可以做出好吃的快手美食。

做法

准备

1 将冻豆腐提前解冻，切成1厘米厚的片；番茄洗净后去蒂，切小块；小油菜洗净后掰开。

炒焖

2 取一炒锅，烧热后放油，油微热后下入番茄和料酒，翻炒一下。

3 炒到番茄变软，放入冻豆腐，轻轻翻炒至豆腐裹满番茄汁。

4 向锅内倒入适量水，盖上锅盖，大火煮沸后转小火焖5分钟。

5 准备出锅前放入小油菜，煮半分钟。

制酱调味

6 在小碗里放味噌酱、白胡椒粉和盐，盛一勺锅里的汤汁，把酱调开。

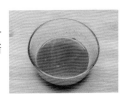

7 然后关火，倒入酱汁搅匀，再盖上锅盖，闷1分钟。

8 最后撒上香菜碎，就可以吃啦。

烹饪秘籍

1. 在翻动冻豆腐时动作一定要轻柔。
2. 油菜也可以换成其他的绿叶青菜或者菌菇类，根据蔬菜成熟的难易程度适当调整烹调时长。

饱腹感十足
咖喱魔芋炒时蔬

⏱ **45** 分钟
🔥 难度 中

含糖量 29g　蛋白质 5g　总热量 220kcal

主料　魔芋块 200 克
辅料　咖喱块 30 克｜圣女果 50 克
　　　生菜 200 克｜食用油半茶匙
　　　盐半茶匙｜香葱碎少许

👍 魔芋作为超低热量食材，是减脂期不可忽视的存在。圣女果具有健胃消食的作用；生菜富含膳食纤维，经常吃可以帮助消除多余脂肪。再用人见人爱的咖喱粉调味，健康又好吃！

做法

准备

1 生菜洗净后在盐水中浸泡10分钟。

2 将生菜捞出，冲洗一下后撕成小片，放在一旁控干水。

3 把圣女果和魔芋块洗净，分别切成小块和厚片。

炒制

4 起一炒锅，倒油，油烧热后放入圣女果块和魔芋片，翻炒5分钟。

5 转小火，向锅内倒入400毫升热水，水沸后关火。

调味出锅

6 将咖喱块放入汤中，搅拌至全部溶解在汤中。

7 开中火，放入撕好的生菜叶，小火煮5分钟左右。

8 直至咖喱看起来黏稠，加少许盐调味，即可关火出锅，撒少许香葱碎点缀。

烹饪秘籍

生菜洗净后在盐水中浸泡是为了使叶片脱水，以免在后面熬煮时出水，影响口感。

寿司新花样
菜花寿司

🕐 25 分钟

🔥 难度 中

 含糖量 36g

 蛋白质 15g

 总热量 203kcal

主料　菜花 500 克｜大海苔片 20 克
辅料　黄瓜 30 克｜胡萝卜 30 克｜牛油果 20 克
　　　橄榄油半茶匙｜白醋 1 茶匙

👍 这道好吃的寿司，用蔬果代替了米饭，维生素和矿物质一下子高出很多，热量却大大降低。减脂期间就是要把普通的食材吃出花样来。这道菜花寿司可以让你一口吃下五六种蔬菜和水果，口感和味道也都大大提升，幸福感也跟着爆棚！

做法

准备

1 把菜花洗净后去掉比较老的根茎，切成大块，用料理机打碎成米粒状。

2 取一煎锅，锅热后倒橄榄油，油热后放入菜花碎，中火翻炒 4 分钟后倒入一个大碗里，放入白醋，搅拌均匀后放凉。

3 黄瓜、胡萝卜、牛油果洗净、去皮，分别切成黄瓜丝、胡萝卜丝和牛油果片。

造型

4 取出海苔铺在竹帘上，将放凉的菜花碎平铺在海苔上，前段留出 1.5 厘米左右的空，这样容易包紧。

5 将黄瓜丝、胡萝卜丝和牛油果片在菜花碎上集中摆好。

定形切开

6 用竹帘将寿司卷好，要捏紧，这样切的时候不容易散开，卷好后放置一会儿定形。

7 最后用刀切成 2 厘米左右的小段就可以了。

烹饪秘籍

1. 如果菜花比较嫩，炒完可能会出水，那就要挤干水再去包。
2. 菜花要放凉了再包，不然会影响海苔酥脆的口感。

荤菜素做
三杯杏鲍菇

🕐 15 分钟
🔥 难度 低

含糖量 34g
蛋白质 6g
总热量 143kcal

主料 杏鲍菇 400 克 ｜ 罗勒 10 克
辅料 香油半茶匙 ｜ 姜片 3 克 ｜ 蒜片 3 克
干红辣椒 3 克 ｜ 酱油半茶匙
白酒 1 茶匙 ｜ 盐半茶匙

做法

准备

1 将杏鲍菇洗净后斜切成片，罗勒洗净后择成小朵，干红辣椒掰开备用。

炒制

2 取一炒锅，烧热后加入香油，油微热后放入姜片、蒜片和干红辣椒，小火慢慢煸炒出香味。

3 将切好的杏鲍菇倒入锅中，中火翻炒几下。

调味

4 倒入酱油和白酒，再加一小杯水，盖上锅盖，焖3分钟。

5 最后放入罗勒，大火收汁，加盐调味即可。

👍 杏鲍菇有杏仁的香气和鲍鱼的口感，而且含有丰富的膳食纤维，可以帮助我们润肠通便，带走肠道内的垃圾和毒素。用制作荤菜的方法烹制出来的杏鲍菇，味道和功效一样好。

烹饪秘籍

切杏鲍菇时要斜切，大约45°下刀，这样切出来的杏鲍菇比较容易嚼。

这道菜不用给它"加油"
无油青椒炒杏鲍菇

🕐 **10** 分钟
难度 低

含糖量
36g

蛋白质
6g

总热量
151kcal

主料　杏鲍菇 400 克
辅料　青椒 50 克 | 盐半茶匙 | 香葱碎少许

👍 这道菜简单到不能再简单。在锅里无油煸炒杏鲍菇让其出水的方法非常简单，令杏鲍菇的口感肉头又筋道，搭配青椒的清香，如此质朴的味道你多久没有吃过了？

做法

准备

1 将杏鲍菇洗净后顺着纹理撕成长条，中等粗细就可以。

2 青椒洗净后去瓤、去子，切细长丝。

炒焖

3 取一不粘锅，烧热后放入杏鲍菇，中火翻炒，令杏鲍菇均匀受热。

4 盖上锅盖，焖2分钟直到所有杏鲍菇变软。

混合调味

5 然后放入青椒丝，翻炒一下。

6 最后放盐调味，点缀香葱碎。

烹饪秘籍

这道菜冷吃热吃都可以，绝对是零油低脂健康餐。

鲜美乘以二
鲜炒双菇

⏱ 12 分钟
难度 低

含糖量 23g
蛋白质 6g
总热量 104kcal

👍 菌菇类食物以其独特的鲜味和高营养价值经常出现在我们的餐桌上。常吃蘑菇能很好地促进人体对其他食物营养的吸收，此外蘑菇做起来也比较快手。这道鲜炒双菇给你双倍的享受，嫩滑乘以二，营养乘以二，一道素菜也做出了肉菜的口感。

主料　香菇 150 克｜杏鲍菇 150 克
辅料　橄榄油半茶匙｜蒜片 3 克
　　　白皮洋葱 30 克｜味极鲜酱油 1 茶匙
　　　黑胡椒粉半茶匙｜香葱碎少许

做法

准备

1 将香菇和杏鲍菇洗净、切片，白皮洋葱切丝，大蒜切片备用。

↓

调味炒制

2 取一炒锅，烧热后倒入橄榄油，油微热后放入洋葱丝和蒜片，小火炒香。

3 放入切好的蘑菇片，转中火翻炒至蘑菇变软，然后倒入味极鲜酱油翻炒均匀。

4 出锅前撒上黑胡椒粉，翻炒均匀，撒少许香葱碎点缀即可。

烹饪秘籍

烹调过程中如果感觉有点干，可以倒入少许清水，盖上锅盖焖一下，蘑菇会熟得快一点儿，也不容易煳锅。

主料　金针菇 400 克
辅料　小米辣 10 克｜香葱 5 克｜生抽半茶匙
　　　盐半茶匙｜食用油半茶匙

自带背景音乐的小菜
白灼金针菇

⏱ 12分钟
♨ 难度 低

| 含糖量 24g | 蛋白质 10g | 总热量 128kcal |

做法

切备煮制

1　将金针菇切去根部，撕成小束，洗净；小米辣洗净，去蒂，切成辣椒圈；香葱切碎备用。

2　取一煮锅，加适量水煮沸，然后熄火，马上放入金针菇焯水1分钟，捞出，控干水。

制酱调味

3　取一小碗，碗里倒入生抽和盐，搅拌均匀备用。

4　将金针菇梳理整齐，码在碗中，浇上步骤3中的酱汁，撒上香葱碎。

爆香淋油

5　取一炒锅，烧热后倒入食用油，油温升至八成热时转小火，放入辣椒圈快速爆香，然后捞出放在金针菇碗中。

6　锅内的油继续用大火烧至微微冒烟，关火，迅速浇在金针菇上，激发出葱花的香味，吃时拌匀，点缀香葱碎即可。

👍 这道菜的灵魂就在最后"刺啦"那一下的浇油上，炽热的油激发出了众多调味料的香味，慢慢融入金针菇中，成就了这道经典美味。

烹饪秘籍

金针菇焯水的时候一定要熄火，如果烫过头，金针菇就软塌塌的不好看了。

资深健康凉菜
蒜末豇豆

🕐 10 分钟
🌶 难度 低

含糖量 22g ｜ 蛋白质 7g ｜ 总热量 96kcal

这道资深健康凉菜的精髓就在大蒜上。蒜末剁好后静置15分钟，生成的蒜素具有抗氧化、促进血液循环、加速新陈代谢的功能，能够排毒减重。

 烹饪秘籍

汆豇豆时，锅中滴入几滴油或加一点盐，是为了保证豇豆翠绿的颜色，同时也可以减少营养的流失。其他青菜焯水时同样适用这种方法。

主料　豇豆 300 克
辅料　食用油半茶匙 ｜ 大蒜 10 克
　　　盐半茶匙 ｜ 生抽 1 茶匙

做法

准备

1　将豇豆去头、去尾后洗净，切成3厘米左右的段。

2　大蒜去皮后洗净，剁成蒜末备用。

汆烫

3　烧一锅水，加少许盐，水沸后放入切好的豇豆，大火再次煮沸后，转小火再煮1分钟。

4　煮好后捞出，冲一下凉水，放在一旁控干水。

炒制调味

5　取一炒锅，烧热后倒入一点油，放入蒜末，小火慢慢煸炒出香味，不要炒焦，然后关火。

6　放入控干水分的豇豆，再加入盐和生抽，与锅中蒜末搅拌均匀，即可盛出装盘。

主料　干海带丝 50 克 | 胡萝卜 100 克
　　　洋葱 100 克
辅料　香油半茶匙 | 盐半茶匙 | 酱油 1 茶匙
　　　香菜碎少许

健康三兄弟
香油炒三丝

⏱ 20 分钟
🔥 难度 低

🥄 含糖量
18g

🥚 蛋白质
2g

☀ 总热量
74kcal

做法

浸泡切备

1 把干海带丝用清水洗净，控干水备用。

2 将胡萝卜洗净，去皮，切细丝；洋葱去皮，切细丝。

炒制

3 取一炒锅，烧热后加香油，放入洋葱丝煎至焦黄，再放入胡萝卜丝，翻炒2分钟。

4 放入海带丝，翻炒一下，再放入酱油，翻炒均匀。

焖制调味

5 向锅内倒入小半杯水，大火煮沸后转小火，盖锅盖，焖10分钟，直到海带丝变软。

6 最后打开锅盖，开大火把酱汁收干，加盐调味，撒少许香菜碎点缀即可。

胡萝卜和洋葱自带甜味，海带自带鲜味，而且美容消脂，还可以修护发质，一身的优点。

烹饪秘籍

吃的时候还可以拌上甜玉米粒，不仅色泽好看、口感更佳，还增加了膳食纤维，有助于消化。

换种吃法吃蔬菜
香煎秋葵

🕐 10 分钟
难度 低

含糖量
25g

蛋白质
7g

总热量
100kcal

主料　秋葵 400 克
辅料　橄榄油半茶匙｜蒜片 10 克
　　　孜然粒 1 茶匙｜盐半茶匙

👍 吃腻了水煮秋葵，今天我们换个吃法，做一道烧烤味的煎秋葵。秋葵由于营养价值高、味道好而被大众喜爱。秋葵对胃部疾病有改善作用，还可以促进消化。多放点孜然和蒜片，素菜的滋味也可以很浓郁。

做法

准备

1 将秋葵洗净后去掉两端，纵向对半切开备用。

煎制调味

2 取一煎锅，烧热后用刷子涂上一层薄薄的橄榄油。

3 油微热后放入蒜片和孜然粒，小火慢慢煎出香味，直至蒜片微微焦黄。

烹饪秘籍

秋葵要买嫩的，大小约为食指的长度和粗度，太大的容易有比较老的纤维，影响口感。

4 然后放入秋葵，中小火一直煎到成熟变软，最后撒盐调味即可。

👍 现在的人们越来越注重健康和养生，饮食也越来越清淡、简素。凉拌芹菜是必不可少的一道家常素食。这次选用的是爽脆清甜、无丝无渣的鲍芹作为主角，清肠减脂、开胃解腻。

主料　鲍芹 300 克｜胡萝卜 50 克
辅料　香醋 1 茶匙｜花椒油半茶匙
　　　香油半茶匙｜美极鲜酱油半茶匙
　　　盐半茶匙

清肠减脂，开胃解腻
凉拌鲍芹丝
🕐 15 分钟
🔥 难度 低

含糖量 10g　蛋白质 5g　总热量 55kcal

做法

准备

 将鲍芹和胡萝卜洗净，胡萝卜去皮。1

 把鲍芹斜切成细丝，胡萝卜也切细丝，切得越细越好。2

浸泡搅拌

 把切好的鲍芹丝和胡萝卜丝在凉白开中浸泡10分钟。3

 将鲍芹丝和胡萝卜丝控干水分，放在盘中，调入香醋、花椒油、香油、美极鲜酱油和盐即可。4

烹饪秘籍

1. 不能省略用凉开水泡鲍芹丝和胡萝卜丝这步骤，泡后非常脆爽。
2. 鲍芹与其他芹菜不同，这是一种生吃都不会有粗纤维的芹菜，没有土腥味，味道非常清甜。

清水出芙蓉
脆笋拌佛手

🕐 25 分钟
💧 难度 低

含糖量 22g

蛋白质 8g

总热量 81kcal

主料　尖笋 300 克｜佛手 50 克
辅料　盐 3 克｜香葱 1 根｜大蒜 4 瓣
　　　鸡精 3 克｜陈醋 1 茶匙｜生抽 1 茶匙
　　　香油 3 毫升

做法

准备

1 将佛手洗净，放入能没过它的温水中浸泡，约15分钟后捞出，切丝；尖笋洗净；香葱洗净，切成3厘米左右的段，大蒜去皮，切小粒。

汆烫浸泡

2 起锅倒入清水，烧至开锅时，倒入尖笋汆烫，时间不宜过长，开锅就行。

3 烫好的尖笋在冷水中略微浸泡，沥干水，先用手撕成细丝，再切成约3厘米长的段。

4 继续用烫尖笋的水汆烫佛手丝，放入锅中后煮5分钟。

5 将汆烫成熟的佛手丝捞出，在冷水中浸泡后沥干水分。

👍 佛手瓜在瓜类中营养全面丰富，口感也很脆爽，和鲜嫩的尖笋融合在一起，就是一道非常美妙的素食。

混合调味

6 将尖笋丝和佛手丝一起放入碗中，加入葱段、大蒜粒、盐、鸡精、陈醋、生抽和香油，搅拌均匀即可。

烹饪秘籍

尖笋进行汆烫主要是为了去除草酸。汆烫后浸泡的过程最好反复换几次水，这样可以进一步去掉涩味。

主料 黄瓜 400 克
辅料 盐 1 茶匙 | 大蒜 2 克 | 小米辣 2 克
生抽 1 茶匙 | 醋 1 茶匙

酸辣一口脆
脆腌黄瓜

⏱ 35 分钟
◇ 难度 低

含糖量
13g

蛋白质
5g

总热量
68kcal

做法

切备

1 将黄瓜洗净后对半切开，用小勺子把瓜瓤挖掉。

2 把黄瓜反扣在案板上，用菜刀把黄瓜拍平，斜切成约2厘米长的段。

腌制

3 取一个大碗，放入黄瓜段，适量撒盐，用筷子拌匀，让盐和黄瓜充分接触，静置20分钟。

混合调味

4 等待过程中将大蒜切成末，小米辣切成小片。

5 倒掉黄瓜腌出来的汁水，用纯净水将黄瓜表面的盐分冲洗干净，沥干，放入干净的碗中。

6 向碗中放入大蒜、小米辣、生抽、醋和盐，拌匀调味，腌制15分钟即可。

烹饪秘籍

把腌好的黄瓜放到密封盒中，入冰箱里过一夜，第二天拿出来更好吃哦。

👍 腌黄瓜酸甜清脆，还带着微微的辣味，好吃又下饭。在快节奏的今天，还自己在家做腌黄瓜的人越来越少了。赶快去菜市场买几根黄瓜，追寻一下记忆中的味道吧。

百变番茄
番茄三重奏沙拉

分钟

难度 中

含糖量
33g

蛋白质
6g

总热量
148kcal

番茄富含维生素C，有美白肌肤、保持皮肤弹性的食疗功效。番茄的三种处理方式带来了三种不同的风味，令你从不同角度品尝到番茄的天然味道。

主料 大个番茄 3 个
辅料 番茄干 20 克 | 新鲜罗勒叶 10 克
     特级初榨橄榄油 1 汤匙 | 柠檬汁 1 茶匙
     白洋葱粒 10 克 | 海盐少许
     黑胡椒碎少许

烹饪秘籍

1. 冷藏半小时食用口感更佳。
2. 请选用成熟度高的番茄，以树熟为佳。

做法

番茄去皮

 —1

在番茄顶部打上十字。

 —2

烧开一锅水，放入番茄，将皮烫裂。

 —3

立刻捞出放入冰水中，去皮。

切备 —4

其中2个番茄从底部水平切掉，用勺子挖空内部。

 —5

剩余的1个番茄一切为四，去子，切成小粒。

 —6

将罗勒叶切碎，番茄干切小粒。

装填调味 —7

在小碗中放入番茄粒、番茄干粒、罗勒叶碎、柠檬汁、白洋葱粒、部分橄榄油、海盐及黑胡椒碎混合均匀。

 —8

将步骤7中的沙拉酿回步骤4中处理好的番茄中。

 —9

装盘，淋上剩余橄榄油，撒上剩余黑胡椒碎和海盐即可。

中式风情的素食
莲藕沙拉

🕐 25 分钟
🔥 难度 低

| 含糖量 51g | 蛋白质 9g | 总热量 237kcal |

👍 莲藕有补肺、益气、滋阴的功效，只知道它能炒菜、能煲汤，竟然也能拿来做沙拉？是的，只要心思巧妙，新奇的美味就会层出不穷地冒出来。

主料　莲藕 200 克 | 玉米半根（约 70 克）
　　　红椒 50 克 | 青椒 50 克 | 胡萝卜 50 克
辅料　豌豆 30 克 | 油醋汁 30 毫升 | 盐少许

做法

汆烫准备

1 把莲藕洗净，去皮，从中间剖开后再切成半圆形的片。

2 将藕片放入沸水中汆烫2分钟后捞出，沥干水分备用。

3 把豌豆洗净；将玉米粒剥下并洗净；胡萝卜洗净，切成豌豆大小的丁。

4 将豌豆、胡萝卜粒和玉米粒放入煮沸的淡盐水中，汆烫1分钟，捞出，沥干水分。

混合调味

5 青椒和红椒分别去蒂、去子，洗净后切成豌豆大小的丁。

6 将胡萝卜粒、玉米粒、豌豆粒、青椒丁、红椒丁、藕片一起放入沙拉碗中，淋上油醋汁拌匀，倒在盘中即可。

烹饪秘籍

莲藕容易氧化变黑，如果切片之后不能马上汆水，就把它泡在清水中。

主料 内酯豆腐 1 盒（约 200 克）
松花蛋 1 个（约 50 克）
榨菜碎 50 克｜青椒 50 克
胡萝卜 50 克
辅料 熟花生仁 20 克｜生抽 10 毫升
香油 1 茶匙｜陈醋 1 茶匙
香菜 1 根

最偷懒的吃法
豆腐沙拉盒

 15 分钟
难度 低

含糖量 26g｜蛋白质 20g｜总热量 382kcal

做法

准备

 1 把松花蛋剥去外壳，洗净，用厨房纸巾擦干水，切成小粒，放入小碗中，加入陈醋腌渍片刻。

 2 将内酯豆腐从包装膜边缘划开一道口，将包装膜撕下。

 3 将豆腐用勺子挖出，放入沙拉碗中备用。

 4 香菜洗净，去根、去老叶，切成碎末；青椒洗净，去蒂、去子，切成小粒；胡萝卜洗净、切成小粒；熟花生仁用擀面杖碾碎。

混合调味

 5 将腌渍好的松花蛋粒放入装有豆腐的沙拉碗中，加入榨菜碎和生抽。

 6 再加入青椒粒、胡萝卜粒和熟花生仁碎，撒上香油和香菜末，稍微拌匀即可。

👍 一盒内酯豆腐，一个松花蛋，一点点榨菜，食材超级简单易得，是一道快手料理。时间紧张的时候，做这道菜是最佳选择。

烹饪秘籍

1. 制作这款沙拉时，一定不可以过度翻拌，否则会使豆腐出水，严重影响口感。

2. 如果购买不到榨菜碎，就把成条的榨菜切碎，一定不要直接拌入大块或者条状的榨菜，否则食材融合得不够，会难以入味。

甜糯的蒜香酱汁
杏仁豆角西蓝花沙拉

⏱ **35** 分钟
🥄 难度 低

含糖量
35g

蛋白质
22g

总热量
407kcal

主料　豆角 200 克 | 西蓝花半棵 | 杏仁 50 克
辅料　大蒜 5 瓣 | 橄榄油 2 茶匙 | 蜂蜜 1 茶匙
　　　第戎芥末酱半茶匙 | 白葡萄酒醋 1 汤匙
　　　盐适量 | 黑胡椒碎适量

👍 烤好的大蒜甜糯而蒜香浓郁，添加在沙拉中可提升风味，撒上香脆的杏仁，是一款非常适合搭配清脆蔬菜的沙拉酱汁。大蒜中的大蒜素能够提高新陈代谢并降低体脂，有助减肥。

做法

烤蒜

1 烤箱预热180℃，将大蒜连皮放入，烤15分钟左右至充分柔软。

2 取出大蒜，略微放凉，用勺子刮出蒜蓉，装入小碗中。

焯烫

3 将豆角择洗干净，切成长段。西蓝花切成小朵备用。

4 烧热一锅水，放入1茶匙盐，放入豆角煮熟，捞出控水。

5 待水再次烧开，放入西蓝花，焯烫熟立即捞出，控水。

烤制

6 烤箱预热160℃，放入杏仁烘烤10分钟，取出放凉。

混合调味

7 香蒜沙拉酱：将蒜蓉、蜂蜜、第戎芥末酱、白葡萄酒醋拌匀，搅打至顺滑，分次放入橄榄油，使之软化，用盐和黑胡椒碎调味。

8 在大碗中放入西蓝花和豆角，淋入步骤7中调好的沙拉酱拌匀，装盘，撒上杏仁即可。

烹饪秘籍

1. 香蒜沙拉酱可以冷藏保存3天左右。非常适合搭配豆类，荷兰豆、四季豆、甜豆都可以用来做这道沙拉。

2. 如果使用杏仁片代替杏仁，风味更浓郁。杏仁片在160℃的烤箱中烘烤5分钟，颜色变得金黄即可，久烤易发苦。

适合中国胃的蔬菜沙拉

青葱油醋汁
上海青沙拉

🕐 15 分钟
难度 低

含糖量
24g

蛋白质
9g

总热量
121kcal

👍 这是家常菜版的沙拉。汆烫好的上海青与白玉菇，淋上葱香四溢的青葱油醋汁，也可以作为配菜或者便当菜食用。

主料 上海青 300 克 | 白玉菇 1 盒（125 克）
辅料 青葱 30 克 | 植物油 1 汤匙
生抽 1 茶匙 | 镇江香醋 2 茶匙
盐适量

做法

准备

1 将青葱切成薄片；上海青从底部一切为二，充分清洗干净；白玉菇择成小朵。

汆烫制汁

2 烧开一锅水，加入1茶匙盐，依次放入白玉菇和上海青汆烫熟，捞出放凉，挤干水分。

3 将生抽、镇江香醋、少许盐放入碗中，混合均匀。

混合调味

4 在小锅中放入植物油烧热，放入25克青葱片炸出香味，至颜色变得焦黄，关火，倒入步骤3的碗中，制成青葱油醋汁。

5 将上海青、白玉菇放入盘中，淋入调好的青葱油醋汁，撒上剩余的青葱片即可。

烹饪秘籍

青葱可以用香葱代替，也可以用红葱头制成红葱油醋汁，但红葱头用量需减半。这种做法也适合其他绿叶蔬菜，例如，菜心、芥蓝、油菜等。

👍 蔬菜热量低，饱腹感强，做成沙拉食用，少油少盐。可以搭配自己喜欢的蔬果和不同味道的酱汁，可荤可素，用它来填饱肚子、补充能量也是没问题的。

主料　圆白菜 200 克｜胡萝卜 30 克
　　　白洋葱 30 克
辅料　柠檬汁 3 毫升｜沙拉酱适量
　　　牛奶 20 毫升

漂亮的减脂沙拉
菜丝沙拉
🕙 10 分钟
👍 难度 低

🥄 含糖量 16g ｜ 🥚 蛋白质 5g ｜ ☀ 总热量 300kcal

做法

准备腌制

1 圆白菜洗净后控干水分，切成小丁，静置备用。

2 胡萝卜洗净后刨细丝，剁成碎末，静置备用。

3 白洋葱洗净、去皮，先切丝，再切碎末，静置备用。

控水

4 将三种蔬菜丁攒团，轻轻挤出多余水分。

搅拌调味

5 将所有切好的食材放入一个大玻璃碗中，分次加入牛奶，拌匀。

6 然后加入沙拉酱，滴入柠檬汁，搅拌均匀即可。

烹饪秘籍

我们要选用丘比蓝瓶或者脂肪减半的沙拉酱，不要用红瓶，也不要用千岛酱，这样可以减少热量的摄入。

春雨沙拉变身
魔芋丝沙拉

🕐 8分钟
🥄 难度 低

| 含糖量 7g | 蛋白质 20g | 总热量 140kcal |

主料　魔芋丝1盒（约300克）
　　　西式火腿片2片｜木耳（泡发）50克
　　　水果黄瓜1根
辅料　葱花10克｜植物油1汤匙
　　　日本酱油（淡口）2茶匙
　　　黑胡椒碎半茶匙｜熟白芝麻2克
　　　盐少许｜海盐1克

做法

氽烫魔芋

1　将魔芋丝洗净，剪成方便食用的长短，在加入少量盐的沸水中氽烫2分钟，沥干放凉备用。

准备

2　把木耳切成细丝，在沸水中氽烫1分钟，捞出控水，放凉备用。

3　水果黄瓜切成薄薄的圆片，加入1克海盐拌匀使之出水，挤干水备用。

4　火腿片切成约5厘米长的粗丝。

混合调味

5　将上述食材放入大碗中，加入日本酱油、盐、黑胡椒碎拌匀。

6　锅中放油烧至冒烟，爆香葱花，趁热浇在沙拉上拌匀，撒上熟白芝麻即可食用。

　　用超低热量且血糖生成指数极低的魔芋丝代替常见的粉丝，饱腹感强，非常适合减肥期间食用。还可以搭配大片生菜，用春卷皮卷起来便是一道方便携带的魔芋丝沙拉春卷。

烹饪秘籍

魔芋丝本身含水丰富，用淡盐水氽烫可以使魔芋丝的水分析出。喜欢柔软、水分充足的口感可以减少氽烫时间，而延长氽烫时间可以使魔芋丝口感脆而有嚼劲。用粉丝替换魔芋丝，则是传统的春雨沙拉。

👍 羽衣甘蓝是现在非常受欢迎的健康食物，羽衣甘蓝的叶片中富含多种维生素及矿物质，特别是维生素C的含量很高，有美白肌肤的作用。用羽衣甘蓝制成的沙拉风味清新，颜色碧绿。

主料　羽衣甘蓝 100 克
辅料　香蕉脆片适量｜去皮葵花子少许
　　　抹茶粉少许｜牛奶 50 毫升

蔬菜与茶的完美结合
羽衣甘蓝抹茶沙拉
🕐 20 分钟
难度 低

| 含糖量 27g | 蛋白质 12g | 总热量 386kcal |

做法

准备

将羽衣甘蓝洗净，并用厨房纸巾吸去多余的水。 **1**

沿着羽衣甘蓝叶片上的脉络，将它撕成适宜入口的小片。 **2**

混合调味

将牛奶加热到60℃左右，倒入少许抹茶粉搅拌均匀，制成抹茶酱。 **3**

将羽衣甘蓝、香蕉脆片和葵花子放入盘中，淋上抹茶酱拌匀即可。 **4**

烹饪秘籍
如果觉得抹茶太苦，可以适当调整抹茶粉的用量或加入少许白砂糖与牛奶一同打匀，当牛奶打出细密的奶泡，就说明抹茶和牛奶已经充分融合了。

小巧可爱，萌萌的蔬菜
烤抱子甘蓝沙拉
⏱ 45 分钟
难度 低

含糖量
38g

蛋白质
9g

总热量
158kcal

👍 抱子甘蓝原产于地中海沿岸，是十九世纪以来欧洲和北美洲国家的重要蔬菜之一。抱子甘蓝虽然个头小儿，但所含的蛋白质、铁、钙等营养元素却毫不逊色。

烹饪秘籍

抱子甘蓝不易烤熟，可以中途打开烤箱将食材翻动一下，使食材的各面均匀受热，更容易烤熟。

主料	抱子甘蓝 10 个（约 200 克）红薯半个（约 100 克）
辅料	沙拉叶适量 | 橄榄油适量 黑胡椒粉适量 | 盐适量 | 香醋适量

做法

切备

1 抱子甘蓝洗净，去掉表面不新鲜的叶片后对半切开。

2 红薯去皮，切成跟抱子甘蓝大小差不多的块状。

3 将切好的红薯丁、抱子甘蓝放入大碗中，加入适量橄榄油、黑胡椒粉和盐拌匀。

烤制

4 把拌好的食材放入烤盘中平铺开，180℃烤制30分钟左右。

混合调味

5 在烤制的过程中将沙拉叶准备好，放入盘中待用。

6 烤好后将红薯丁和抱子甘蓝放在沙拉叶上面，根据个人喜好淋上香醋即可。

主料　圆白菜半个｜青苹果 2 个
辅料　新鲜罗勒叶 5 克
　　　特级初级橄榄油 1 汤匙
　　　红葡萄酒醋 1 茶匙｜青柠汁 1 茶匙
　　　流质蜂蜜 1 茶匙｜第戎芥末酱 2 克
　　　海盐少许｜黑胡椒碎适量
　　　青柠檬皮屑少许

丝丝入口的清爽
罗勒柠檬风味苹果圆白菜沙拉

分钟

难度 低

含糖量 58g ｜ 蛋白质 5g ｜ 总热量 272kcal

做法

准备

1 将圆白菜剥去老叶，切成极细的丝，放入净水中浸泡20分钟，捞出，用沙拉甩干机甩干水。

2 青苹果洗净擦干，连皮切成或擦成火柴棍粗细的丝。

3 罗勒叶切碎。

制汁

4 在大碗中放入海盐、黑胡椒碎、青柠汁、红葡萄酒醋、流质蜂蜜、第戎芥末酱混合均匀，分次搅打进橄榄油。

👍 罗勒柠檬搭配的酱汁，淋在切得细细的圆白菜和苹果之上，最能令你品尝到食材的清脆。

混合调味

5 加入圆白菜丝、青苹果丝、罗勒叶碎拌匀。

6 装盘，撒上少许青柠檬皮屑即可。

烹饪秘籍

1. 青苹果清脆微酸，非常适合这道沙拉。也可以选择其他脆口的苹果品种。

2. 可以将圆白菜和紫甘蓝混合使用，颜色更亮丽。

菠菜还能这么吃
石榴柑橘嫩菠菜沙拉

⏱ **5**分钟
💧 难度 低

含糖量
61g

蛋白质
6g

总热量
265kcal

主料　柳橙 1 个｜血橙 1 个｜嫩叶菠菜 100 克
　　　石榴半个
辅料　柠檬橄榄油油醋汁 1 汤匙｜蜂蜜少许

👍 嫩叶菠菜是一种专门适合沙拉用的菠菜，叶片小而水分足，柔软而涩感低，非常适合生食。血橙的深红色来自于花青素，其抗氧化功效优于其他橙类。菠菜富含钾，对消除水肿型肥胖有帮助。

做法

准备　　　　　　　　　　　　　→ 混合调味

1 将柳橙和血橙削去皮和白膜，切成厚片。

2 嫩叶菠菜洗净，用沙拉甩干机甩干水。

3 将石榴剥子备用。

4 在盘中放入菠菜、血橙片、柳橙片，撒上石榴子，淋上柠檬橄榄油油醋汁，根据口味加入蜂蜜调节酸味。

烹饪秘籍

1. 如果没有血橙，可以用西柚或者柚子代替。

2. 请选用沙拉用嫩叶菠菜，柔嫩、涩味淡、水分充足。

3. 这道沙拉非常适合搭配烤海鲜，可以作为烤鱼、烤虾、烤扇贝等烧烤的配菜，也可以在沙拉中添加鱼肉、虾仁、鱿鱼等。

👍 虾肉可以补充优质蛋白质；牛油果饱腹感强，有助于减少进食量，而且牛油果里的油酸可以改善发质，爱美又想瘦的朋友千万不要错过哦。

主料　牛油果 100 克｜黄瓜 100 克
　　　番茄 100 克｜虾仁 100 克
辅料　盐半茶匙｜黑胡椒粉半茶匙

幸福沙拉
牛油果沙拉
18 分钟
难度 低

含糖量
17g

蛋白质
23g

总热量
296kcal

做法

准备

 1 虾仁挑去虾线后洗净，用盐水煮熟，放凉备用。

 2 将牛油果洗净，取出果肉，切成正方形的小丁。

 3 番茄洗净，一切为四，挖去果浆，剩下的部分切成方丁。

 4 黄瓜洗净后，先切成长条，再切成方丁。

 5 放凉的虾仁也切成丁。

混合调味

 6 最后将四样食材放在大碗中拌匀，撒上盐和黑胡椒粉调味即可。

烹饪秘籍

只用盐和黑胡椒粉调味，是热量最低的一种调味方法，也可以换成其他酱料，会有不同的感觉哦。

107

简单而有趣

金橘脆柿绿叶生菜沙拉

🕐 5分钟

📊 难度 低

含糖量
56g

蛋白质
3g

总热量
234kcal

主料　罗莎绿 100 克 | 脆柿 1 个 | 金橘 6 个
辅料　柑橘油醋汁 1 汤匙

👍 这道沙拉热量极低，即使吃掉一大盘也毫无负担。金橘是一种少见的连皮食用的柑橘，橘皮里含有丰富的维生素C，同时具有止咳化痰的功效，适合在干燥的秋冬季食用。

做法

准备

1 将罗莎绿撕成适合入口的大小，用净水洗净，浸泡10分钟。

2 将罗莎绿用沙拉甩干机甩干水。

3 将金橘切成圈；脆柿刨成薄片。

混合调味

4 将罗莎绿铺在盘底，放上金橘和脆柿片点缀，淋上柑橘油醋汁即可。

烹饪秘籍

1. 脆柿是一种口感清脆的柿子，也可以用黄桃或者油桃代替。

2. 这道沙拉非常清爽，可以添加风味浓郁的坚果平衡味道，如碧根果、山核桃、松子仁等。

3. 除了罗莎绿，这道沙拉也非常适合使用水培的生菜，能衬托出水培沙拉菜柔嫩的口感与风味。

酸酸甜甜的基础沙拉
葡萄干柳橙胡萝卜沙拉

⏱ 25分钟
♨ 难度 低

含糖量
82g

蛋白质
6g

总热量
343kcal

主料	葡萄干 30 克
	柳橙 2 个
	胡萝卜 2 根
辅料	基础油醋汁 1 汤匙

👍 胡萝卜沙拉是经典的法式基础沙拉之一，仅用基础油醋汁腌渍柔软，便能品尝到胡萝卜的天然甜味。添加了柳橙和葡萄干两种风味对比明显的配料，清爽酸甜，是一道能大口享用的常备沙拉。胡萝卜富含膳食纤维，可加强肠道的蠕动。

做法

准备 ➜ 混合调味

1 将1个柳橙挤汁，1个柳橙去皮取出橙肉瓣。

2 将葡萄干粗略切碎，放入小碗中，用柳橙汁浸泡20分钟。

3 将胡萝卜削皮洗净，切成丝。

4 将胡萝卜丝、橙肉、葡萄干连同橙汁、基础油醋汁一起放入大碗中拌匀。覆上保鲜膜，放入冰箱冷藏半小时以上，至胡萝卜丝略微柔软入味即可食用。

烹饪秘籍

1. 沙拉冷藏半日以上会更入味，风味更佳。

2. 这款沙拉可以作为常备菜或者便当小配菜，冷藏可保存3日。

3. 省略掉柳橙或者葡萄干也很好吃，如果要放置一段时候后再吃，柳橙肉可以在食用前再添加。

百果之香
百香果芒果柳橙沙拉

含糖量
65g

蛋白质
5g

总热量
278kcal

👍 百香果因集"百果之香味"于一身而得名，香味神秘浓烈，可安神、舒缓情绪。百香果富含维生素C、SOD酶，能够清除体内自由基，起到养颜、抗衰老的作用。

主料 芒果 1 个 | 柳橙 2 个 | 百香果 1 个

做法

制酱

1 将百香果一切为二，取汁（留子），装入小锅中。加入1汤匙清水，中火 煮5分钟，离火放凉。

准备

2 将芒果去皮、去核，切成小块。

3 将柳橙去皮，取出柳橙肉。

混合调味

4 将柳橙和芒果装入盘中，淋上熬好的百香果糖浆即可。

烹饪秘籍

1. 熬好的百香果糖浆可冷藏保存1周。
2. 使用凤梨、杨桃等热带水果也很美味。
3. 可以保留一切为二的百香果皮，做成小碗状，将做好的沙拉酿回其中，作为一道非常漂亮的宴会水果杯。

👍 赤橙黄绿青蓝紫，排列整齐的彩虹色水果，口味丰富，色彩斑斓，营养更是全面均衡。丰富的水果，提供了全面的滋养，让你拥有水润嫩滑的肌肤。

主料 草莓 3 个 | 柳橙半个 | 芒果 50 克
     猕猴桃 1 个 | 蓝莓 30 克 | 葡萄 8 粒
     红色火龙果 50 克
辅料 酸奶 200 毫升

做法

切备

1 将草莓、葡萄分别洗净，切成小粒。

2 将芒果、红色火龙果、猕猴桃分别去皮，切成小粒。

3 将柳橙去皮取肉，切成小粒。

组合

4 在碗底放上酸奶打底。

5 在酸奶上按顺序摆上草莓、柳橙、芒果、猕猴桃、蓝莓、葡萄、红色火龙果即可。

色彩斑斓的水果碗
彩虹水果沙拉碗

🕐 5 分钟
🥄 难度 低

含糖量 71g ｜ 蛋白质 10g ｜ 总热量 357kcal

烹饪秘籍

1. 水果品种可以根据自己的喜好或者季节搭配。

2. 在酸奶中加入适量奶油奶酪味道更好，或者选用稠厚的酸奶品种。冷藏后食用风味更佳。

浓缩的营养精华
希腊酸奶沙拉

分钟
难度 中

含糖量
77g

蛋白质
16g

总热量
423kcal

烹饪秘籍

市售的酸奶可以用纱布过滤乳清,自制成希腊酸奶。过滤的时间短口感顺滑,过滤的时间长口感则像奶油奶酪般厚重。

主料　谷物麦片 100 克
　　　包生菜 1/4 个(约 100 克)
　　　黄瓜 1 根(约 200 克)
辅料　希腊酸奶 2 汤匙

做法

1 包生菜洗净,掰成适合的大小。

2 黄瓜洗净,去头去尾,切成薄片。

3 将生菜叶放于盘中,撒上适量谷物麦片和黄瓜片。

4 取1汤匙希腊酸奶放于沙拉顶端,吃之前拌匀即可。

红绿相间的小清新
蜂蜜开心果
车厘子沙拉

5分钟
难度 低

含糖量
51g

蛋白质
14g

总热量
393kcal

主料　车厘子 100 克 ｜ 草莓 100 克
　　　开心果仁 30 克
　　　全脂酸奶 1 杯(125 毫升)
辅料　流质蜂蜜适量

做法

1 烤箱预热160℃。将开心果仁放在烤盘上,烘烤3分钟,取出放凉。

2 将车厘子洗净,一切为二,去核备用;草莓洗净,一切为二。

3 在盘中放入酸奶打底,摆上车厘子、草莓、开心果仁,淋上蜂蜜即可。

烹饪秘籍

最好能选择无糖的稠厚全脂酸奶。根据酸奶中的糖分调整蜂蜜用量。

"明星食材"的组合
杏仁蔓越莓干羽衣甘蓝沙拉

5 分钟
难度 低

含糖量
43g

蛋白质
13g

总热量
362kcal

主料 羽衣甘蓝 100 克 ｜番茄 1 个
蔓越莓干 30 克 ｜杏仁 30 克

辅料 蜂蜜芥末油醋汁 1 汤匙

👍 杏仁、蔓越莓、羽衣甘蓝都是健康饮食中的"超级明星"。蔓越莓干可抗氧化、养颜美容、补充维生素、保护心脑血管，是一种健康的天然果干。羽衣甘蓝营养丰富，热量却超低，是有助瘦身的明星食材。

做法

准备

1 将羽衣甘蓝洗净，用沙拉甩干机甩干水，撕成适合食用的小片。

2 将烤箱预热160℃，放入杏仁烘烤10分钟，取出放凉。

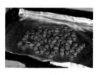

3 将番茄洗净，切成月牙状。

混合调味

4 将羽衣甘蓝和番茄放入盘中，撒上杏仁和蔓越莓干，淋上蜂蜜芥末油醋汁即可食用。

烹饪秘籍

1. 如果使用彩色的圣女果代替番茄，颜色、口感更好。
2. 市售的羽衣甘蓝有时会比较老，纤维感重、口感粗糙，建议选用较柔嫩的部分，较老的部分可以烘烤制成羽衣甘蓝片。还可以用油醋汁将羽衣甘蓝先腌渍30分钟左右，口感更柔软。

清热解暑的西瓜翠衣
西瓜皮沙拉

⏱ 30分钟
🔥 难度 中

含糖量
16g

蛋白质
1g

总热量
62kcal

主料　西瓜皮 200 克
辅料　芝麻叶适量｜苦菊叶适量｜盐少许
　　　油醋沙拉汁适量

👍 西瓜不仅果肉好吃，瓜皮也可以入菜。西瓜皮性凉味甘、消暑解热、利尿排毒，在炎炎夏日里不想吃油腻的东西，不如就拌一份西瓜皮沙拉吧。

做法

准备 ➔ 混合调味

1 将西瓜皮切去绿色的硬皮，留下西瓜瓤和绿色硬皮中间那淡粉色和淡绿色的部分。

2 将处理好的瓜皮切成薄片，用少许盐抓匀，腌制15分钟左右。

3 将芝麻叶和苦菊叶一片片择下，清洗干净。

4 瓜皮腌制出水变软后，沥干水分，与芝麻叶、苦菊叶拌匀，淋上油醋沙拉汁即可。

烹饪秘籍

西瓜皮处理好后，也可以用少许油清炒成热菜，吃起来的口感有些像黄瓜，仔细品味却会有不同的风味。

4
Chapter

快捷健康的午餐
——荤素搭配好健康

减脂黄金卷
鲜虾蛋卷

🕑 35分钟
🥄 难度 低

 含糖量
32g

 蛋白质
62g

 总热量
521kcal

👍虾肉泥混合胡萝卜，粉嫩中带着点鲜艳的颜色，包在黄灿灿的蛋皮里，采用蒸的方法减少了营养的流失和口感的改变，吃起来非常鲜嫩。

主料　鲜虾 200 克 | 鸡蛋 3 个（约 150 克）
　　　胡萝卜 100 克
辅料　盐半茶匙 | 黑胡椒粉半茶匙
　　　食用油半茶匙 | 面粉 20 克
　　　香葱碎少许

烹饪秘籍

剥下来的虾头和虾皮不要扔，可以用来炸虾油，炸出的虾油也可以掺入虾肉泥中，或者平时凉拌菜时加少许提升鲜味。

做法

准备 —1

将鲜虾冲洗一下，去除虾头和虾皮，挑去虾线，再次冲洗干净后控干水分。

—2

将胡萝卜洗净后去皮，剁碎；虾仁用刀背轻轻剁成细腻的虾肉泥，将两者混合均匀。

—3

往虾肉泥中加入盐、黑胡椒粉搅拌均匀。将鸡蛋磕入碗中打散，加少许盐调味，备用。

制作蛋皮 —4

取一煎锅烧热，刷薄薄一层油，倒入蛋液，以晃动后能均匀铺在锅底 2 毫米左右厚度的量为最佳，小火煎至凝固后翻面，两面均凝固后出锅。

—5

将所有蛋液煎好后，切成正方形，切下来的蛋饼剁碎，掺入虾肉泥中搅拌均匀。

卷起蒸制 —6

用面粉和水拌成黏稠的面糊，轻轻刷在蛋饼上，然后铺上虾肉泥，目的是增加蛋饼和虾肉泥之间的黏性，用卷寿司的方法把鲜虾蛋卷卷好，放入盘中。

—7

蒸锅内加水，水沸后把蛋卷放到蒸屉上，大火蒸 10 分钟。

—8

出锅后，将蛋卷切成约 2 厘米长的段，点缀香葱碎。

117

简朴的美味
茄丁煎蛋

🕐 **60** 分钟
🔥 难度 中

主料　茄子 300 克｜鸡蛋 3 个（约 150 克）
辅料　食用油半茶匙｜盐半茶匙
　　　花椒粉半茶匙

含糖量
19g

蛋白质
25g

总热量
298kcal

做法

准备

1 将茄子洗净后去皮，切碎，切得越碎越好。

预炒制

2 取一无水无油的炒锅，把茄丁倒进去，开中小火翻炒。

3 慢慢翻炒到茄丁逐渐由白色变成褐色，并且有大量水汽冒出。

搅拌

4 继续翻炒到茄丁完全变成褐色后盛出，铺开放凉，等茄子完全凉透。

5 向放凉的茄子中打入鸡蛋，搅拌均匀，成为比较稀的糊状，加入盐和花椒粉调味。

煎制

6 炒锅烧热后放油，油微热后倒入茄丁鸡蛋糊，小火慢慢煎至内部完全凝固，两面颜色变深即可。

👍 茄子的热量极低，很适合减脂人群食用。这道菜相比其他以茄子为原材料的菜来说是很省油的，成品鲜香软滑，味道和口感绝对惊艳你的味蕾。

烹饪秘籍

煎茄子时一定要确保所有白色的茄肉都变成褐色的才可以关火进行下一步，不然会夹生，影响整体的口感和味道。

主料　鲜虾仁 100 克｜春笋 200 克
　　　鸡蛋 2 个（约 100 克）
辅料　姜丝 2 克｜料酒 3 茶匙
　　　食用油半茶匙｜盐半茶匙
　　　香葱碎少许

春日里的小清新
虾仁春笋炒蛋

⏱ 15 分钟
🔥 难度 低

含糖量 16g ｜ 蛋白质 38g ｜ 总热量 296kcal

做法

准备

将鲜虾仁挑去虾线后洗净，控干水分，放入碗中，加入姜丝和 1 茶匙料酒抓匀，腌制 10 分钟。 1

将新鲜的春笋洗净后切薄片，用热水焯一下，控干备用。 2

把鸡蛋磕入碗中，再倒入 2 茶匙料酒搅打均匀。 3

炒制调味

取一炒锅，烧热后倒油，中火烧至油微热，倒入蛋液，用筷子滑散，盛出备用。 4

锅内不用重新倒油，直接放入虾仁和春笋片，翻炒至虾仁成熟。 5

把刚才炒好的鸡蛋倒回锅中，加入盐调味，撒少许香葱碎点缀即可。 6

烹饪秘籍

炒鸡蛋时在蛋液中加入料酒有两大妙用：一是去腥；二是可以使炒出来的鸡蛋更加蓬松，口感更好。

👍 海里的虾、地里的笋和陆上的蛋，浅黄粉嫩的颜色与春季的色调极为搭配。春笋的季节很短，其质地鲜嫩、口感脆爽，有助于宽肠排毒；虾仁和鸡蛋都是补充优质蛋白质的食材，口感嫩滑，鲜美醇香。

乍见之欢不如久吃不厌
清蒸虾仁丝瓜

⏱ 15 分钟
📉 难度 低

含糖量
14g

蛋白质
40g

总热量
226kcal

主料　活虾 200 克｜丝瓜 200 克
辅料　蒜蓉 20 克｜香葱碎 3 克
　　　美极鲜酱油 2 茶匙｜盐半茶匙

做法

准备

1 将丝瓜洗净后去皮，横向切成约2厘米长的小段，铺于盘子中。

2 将活虾冲洗干净后，剥去虾头和虾皮，挑去虾线后再次冲洗干净备用。

3 用小勺子取蒜蓉铺在丝瓜段上，最后把虾仁放在蒜蓉上。

调味

4 取美极鲜酱油与盐调成酱汁，浇在虾仁上，酱汁的量要能浸透蒜蓉，流一点儿在丝瓜上为最佳。

蒸制

5 蒸锅内烧水，水沸后放入装有食材的盘子，中大火隔水蒸五六分钟。

6 出锅后撒香葱碎装饰即可。

👍 用清蒸的方法激发出食材本身的鲜甜。丝瓜是季节性比较强的蔬菜，当季吃最合适。丝瓜可以淡化色斑，保护肠胃，清理肠道垃圾，是夏天里不可错过的美味。

烹饪秘籍
因为虾仁和丝瓜很容易成熟，所以蒸制时间不宜过长。

主料　嫩豆腐 200 克 | 虾仁 50 克
　　　干香菇 20 克 | 鸡蛋 2 个（约 100 克）
辅料　盐半茶匙 | 料酒 1 茶匙 | 香油 2 毫升
　　　香葱碎 3 克

减脂无压力
虾仁豆腐羹

🕐 20 分钟
🔥 难度 低

含糖量 20g　蛋白质 34g　总热量 354kcal

做法

准备

1 将干香菇提前一夜用凉水泡发。

2 将香菇洗净，切小丁；虾仁去虾线，洗净，切小丁。

搅拌

3 将嫩豆腐在干净无水的大碗中捣成泥，然后磕入鸡蛋，搅拌均匀。

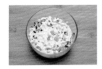

4 将香菇丁和虾仁丁倒入豆腐泥中，混合均匀。

蒸制调味

5 调入盐和料酒，搅拌均匀后上火蒸，大火蒸10分钟。

6 最后出锅时淋上香油、撒上香葱碎就可以了。

烹饪秘籍

可选择嫩豆腐，也可选择北豆腐。嫩豆腐口感细腻嫩滑，北豆腐则营养更为丰富。

👍 细腻嫩滑的豆腐与高蛋白的虾仁和百搭小能手鸡蛋融合，诞生了这道集颜值、美味、营养于一身的虾仁豆腐羹。整道菜富含蛋白质，而补充优质蛋白质是减脂增肌期间必做的功课。

一锅端出来的美味
焗烤杂蔬

🕐 40分钟
👍 难度 低

含糖量
36g

蛋白质
9g

总热量
172kcal

主料　水果胡萝卜2根（约50克）
　　　芦笋2根（约100克）
　　　圣女果5颗（约50克）
　　　香菇4朵（约40克）
　　　小土豆1个（约100克）
　　　紫洋葱50克｜西蓝花50克
辅料　白胡椒粉2茶匙
　　　意大利混合香料碎2茶匙
　　　油醋汁2汤匙｜奶酪碎适量

做法

切备

1 将水果胡萝卜洗净，去掉缨子，切滚刀块；芦笋洗净，从中间切断；圣女果洗净。

2 将香菇洗净，去蒂，切分为两半；将小土豆洗净，去皮，切四瓣；紫洋葱洗净，切分为两半；将西蓝花洗净，掰成适口的小朵。

腌制

3 将处理好的蔬菜放入保鲜袋中，撒入白胡椒粉、意大利混合香料碎，倒入油醋汁，扎紧袋口，摇晃均匀，放入冰箱冷藏腌制20分钟。

混合烤制

4 烤箱预热190℃；取出腌制好的蔬菜，平铺在烤盘上，进烤箱烤制10分钟。

5 将烤好的蔬菜取出，撒上奶酪碎即可。

👍 用烤的方法做菜，既能保证食材原汁原味，又不担心用油过多，好处多得很。

烹饪秘籍

可以根据自己的喜好随意更换蔬菜，但尽量不要选择多汁的蔬菜，这样烘烤的过程中很容易出汤，影响口感。

主料　北豆腐 300 克│鸡蛋 1 个（约 50 克）
　　　胡萝卜 80 克│茼蒿 50 克
辅料　面粉 50 克│虾皮 20 克│盐半茶匙
　　　食用油半茶匙

一口软到心底
杂菜豆腐饼

🕐 **25** 分钟
💧 难度 低

| 含糖量 56g | 蛋白质 49g | 总热量 676kcal |

做法

准备混合

1 将胡萝卜和茼蒿洗净，沥干后剁碎；北豆腐冲洗一下，擦去表面水，放入大碗中，用手抓碎。

2 把茼蒿碎和胡萝卜碎加入抓好的豆腐中继续抓匀。

3 再磕入鸡蛋，放入面粉和虾皮抓匀，根据情况加入盐，因为虾皮本身就是咸的。

制坯

4 取一把杂菜豆腐，先揉成团，再压成饼的形状，放在干净的盘子上备用。

煎制

5 取煎锅，锅烧热后加入适量油，轻轻放入杂菜豆腐饼，缓慢推动旋转。

6 小火慢煎至一面完全定形，再翻面煎另一面，直至两面金黄就可以了。

烹饪秘籍

杂菜豆腐饼里加的东西都很随意，可以选择自己喜欢的青菜和肉类。

👍圆圆的、金黄色的豆腐饼整整齐齐地摆在盘子里，咬一口，外酥里嫩，带来一整天的好心情。可以提前一晚把所有食材弄好，第二天早上用几分钟的时间煎一下，就可以享受美味了。

好好犒劳自己
蚝油芦笋牛肉粒

🕐 20 分钟
🥄 难度 低

含糖量 12g｜蛋白质 46g｜总热量 298kcal

👍 芦笋的时令性很强，所以每当有新的芦笋上市，大家都会买来尝一尝。用蚝油和黑胡椒调味，有些中西合璧的感觉，当然这样经过历史考验的搭配是绝对没问题的。

主料　牛肉 200 克｜芦笋 250 克
辅料　蚝油 1 茶匙｜黑胡椒粉半茶匙
　　　淀粉 2 茶匙｜料酒 1 汤匙
　　　食用油半茶匙｜蒜蓉 3 克
　　　姜蓉 3 克｜老抽半茶匙｜葱花少许

做法

准备腌制

1 牛肉洗净后切成1厘米见方的丁；芦笋洗净，去掉老根，切1厘米见方的丁。

2 牛肉丁中放蚝油、黑胡椒粉、淀粉和料酒，搅匀后腌制15分钟。

炒制调味

3 取一炒锅，烧热后放油，中火将蒜蓉和姜蓉炒香。

4 放入腌好的牛肉丁，滑炒至完全变色，盛出备用，不用关火。

5 把芦笋放入炒锅中，大火炒2分钟至断生，淋入少许清水。

6 将牛肉丁倒回锅中，加入老抽，翻炒均匀即可出锅，点缀葱花。

烹饪秘籍

1. 腌制牛肉丁时最好用手抓，而且多捏几下，可以让肉更入味。
2. 滑炒牛肉粒时油温不要太高，五六成热即可，不然肉质容易变老。

👍 乍一看像是牛排，其实是低热量的魔芋排。虽然魔芋本身有热量，但能够被人体吸收的却很少。这道香煎魔芋排算得上名副其实的健康极品减脂料理了。

主料　魔芋块 300 克
辅料　烤肉酱 1 汤匙｜盐 1 茶匙
　　　黑胡椒粉半茶匙
　　　橄榄油半茶匙｜香葱碎少许

极品减脂料理
香煎魔芋排
🕐 45 分钟
♨ 难度 低

含糖量 17g　蛋白质 1g　总热量 55kcal

做法

准备

1 煮一锅水，加入适量盐，放入整块魔芋块煮10分钟，捞出后过凉。

2 在整块的魔芋块两面浅浅地划上花刀，每刀之间间隔1厘米左右。

3 将改好花刀的魔芋块切成长5厘米、宽2厘米左右的块。

腌制

4 把魔芋块、烤肉酱、黑胡椒粉和盐一起放入保鲜袋，充分按摩后腌制20分钟。

煎烧调味

5 取一煎锅，烧热后加入橄榄油，油微热后放入腌好的魔芋块，小火慢慢煎至成熟。

6 出锅前把袋中剩余的酱汁倒入锅中，待酱汁微微起泡后关火，盛出，撒少许香葱碎点缀即可。

烹饪秘籍

魔芋块会有比较大的碱味，去除碱味的方法有两个：一是用醋泡，酸碱中和能去除碱味。但如果做比较清淡的魔芋块，建议用第二种方法：用加盐的沸水煮10分钟，也能去除碱味。

与世无争的素雅
清蒸鸡胸白菜卷

⏱ **45**分钟
🌡 难度 中

含糖量
9g

蛋白质
77g

总热量
394kcal

主料　鸡胸肉 300 克｜鲜香菇 40 克
　　　白菜叶 150 克
辅料　葱花、姜末各 3 克
　　　黑胡椒粉和白胡椒粉各半茶匙
　　　料酒半汤匙｜味极鲜酱油半茶匙
　　　蒸鱼豉油半茶匙

👍 嫩绿柔软的白菜叶包着鸡胸和香菇，鲜美的汤汁不断地流出来，白菜不再有淡淡的土腥味，鸡胸的肉质也不再干柴，而香菇的鲜味则是整道菜的灵魂。这道菜清淡素雅，热量很低。

做法

腌制

1 将鸡胸肉洗净后切小丁；将鲜香菇洗净，去蒂、切薄片。

2 将鸡胸肉丁和香菇片放在碗中，加入葱花、姜末、黑白胡椒粉、料酒和味极鲜酱油，搅打均匀，腌10分钟。

调味出锅

7 15分钟后关火，不用闷，戴手套端出盘子。

8 在每个白菜卷上滴上几滴蒸鱼豉油调味就可以了。

卷起蒸制

3 白菜叶切去菜帮，只用叶片部分，如果较硬，可以用热水稍微烫一下，然后控干水备用。

4 在叶片一端放入适量鸡肉馅，卷起来，如果白菜较硬不好固定，可以用牙签辅助，卷好后放到盘子里。

5 取一蒸锅，锅内放凉水，将白菜卷放入蒸屉内，开大火。

6 等水开后，改中大火继续蒸15分钟左右。

烹饪秘籍

剩下的白菜帮也不要浪费，切成细丝，拌上葱花、酱油、醋、香油，就是一道美味又简单的小凉菜。

燃烧我的卡路里
杏鲍菇煎炒鸡胸肉

⏱ 15 分钟
⚖ 难度 低

含糖量
10g

蛋白质
51g

总热量
271kcal

👍 减脂期间如何控制每日热量的摄入？吃外卖肯定是不行的！这道看起来有一点"寡淡"的杏鲍菇煎炒鸡胸可以帮助没时间、没技巧的小白们找到最佳方案。制作简单，而且味道绝对不会像看起来的那样苍白。减脂的小伙伴们还不快试一下？

主料　鸡胸肉 200 克｜杏鲍菇 100 克
辅料　盐半茶匙｜黑胡椒粉半茶匙
　　　食用油半茶匙｜淀粉 8 克
　　　香葱碎少许

做法

腌制准备

1 鸡胸肉洗净后控干水，顺着纹理切成长条，放在碗中。

2 向碗中加入盐、黑胡椒粉、食用油和淀粉抓匀，腌制10分钟。

3 杏鲍菇洗净，切圆薄片备用。

煎炒调味

4 起一炒锅，烧热后倒入少许油，油微热后倒入鸡胸肉条，小火翻炒至金黄。

5 再放入切好的杏鲍菇片，加入一点清水，盖上锅盖焖1分钟。

6 1分钟后，再加入少许盐和黑胡椒粉调味，即可出锅，可撒少许香葱碎点缀。

烹饪秘籍

加水焖1分钟的目的是让杏鲍菇变熟，同时也会使鸡胸肉变嫩，肉质不那么柴。

👍 笋干脆、鸡胸嫩、豆豉鲜，如果多放一点盐就是妥妥的米饭杀手。所以，吃可以，记得少放盐哦。

主料　鸡胸肉 300 克｜泡发的笋干 200 克
辅料　干豆豉 20 克｜大蒜 10 克
　　　蚝油半茶匙｜生抽 1 茶匙
　　　食用油半茶匙｜香葱碎少许

鸡胸再也不柴了
笋干蒸鸡胸

🕐 50 分钟
🔥 难度 中

含糖量
16g

蛋白质
80g

总热量
447kcal

做法

准备

1 将鸡胸肉洗净，剔除油脂和白膜，然后切成粗条。

2 将泡发的笋干用沸水焯3分钟，去掉涩味，切成长条。

制酱炒香

3 将干豆豉和大蒜清洗一下，切成碎末，放入碗中，加入蚝油和生抽，拌匀成酱料。

4 取一炒锅，烧热后倒油，油微热后倒入酱料，小火翻炒出香味。

装盘蒸制

5 取大碗，最底下铺笋干，然后一层酱、一层肉地铺好。

6 凉水上锅蒸，蒸汽上来后再蒸30分钟，可撒少许香葱碎点缀。

烹饪秘籍

想要更简单低脂，可以不用炒酱，把鸡肉和豆豉、大蒜及调料混合抓匀，直接蒸制就可以。

减脂也能吃咖喱

咖喱鸡胸
生菜卷

🕐 20 分钟
🥄 难度 低

主料	鸡胸肉 300 克｜球生菜 100 克
辅料	红甜椒 30 克｜芹菜 20 克
	食用油半茶匙｜酱油 2 茶匙
	咖喱粉 2 茶匙｜盐半茶匙
	黑胡椒粉半茶匙｜甜辣酱 1 茶匙

含糖量
6g

蛋白质
76g

总热量
380kcal

👍 咖喱是极少数以主角身份被写进菜里的调味品。咖喱搭配上减脂增肌的鸡胸肉，不仅富含蛋白质，还能促进新陈代谢，让人多吃几口也无负担。

做法

准备

1 将鸡胸肉洗净后控干水，顺着纹理切成约10厘米长、1厘米粗的条。

2 将所有蔬菜洗净，球生菜去除比较厚的叶柄，沥干水；红甜椒、芹菜切约5厘米长的细丝。

炒制

3 取炒锅，烧热后加入食用油，开小火，放入红甜椒丝和芹菜丝，倒入酱油，炒至食材变软后盛出备用。

4 将鸡胸肉条放入锅内，小火翻炒至变色，加入咖喱粉、盐、黑胡椒粉炒匀，使调料均匀包裹在鸡肉上。

混合卷起

5 向锅内倒入一小杯水，盖上锅盖，焖半分钟后关火盛出，这样可以使鸡胸肉更嫩。

6 把炒好的菜丝和鸡胸肉一起铺在生菜上，挤上少许甜辣酱，卷起来就可以吃啦。

烹饪秘籍

这道菜因为放了味道比较重的咖喱，所以不用提前腌制鸡胸肉；甜辣酱可以根据个人口味换成别的酱，或者不加也可以。

主料　鸡胸肉末 300 克 ｜ 即食燕麦片 20 克
　　　鸡蛋 1 个（约 50 克）｜ 胡萝卜 50 克
　　　番茄 100 克
辅料　料酒 1 茶匙 ｜ 盐半茶匙
　　　黑胡椒粉半茶匙 ｜ 番茄酱 15 克
　　　葱花 5 克 ｜ 蒜片 3 克

解锁鸡胸新吃法
番茄焖鸡胸丸

 60 分钟
 难度 高

含糖量 28g ｜ 蛋白质 85g ｜ 总热量 552kcal

做法

准备

1 将鸡胸肉末、即食燕麦片和鸡蛋混合，加入料酒、黑胡椒粉和盐拌匀，揉成丸子。

2 将胡萝卜和番茄洗净。胡萝卜去皮、切块；番茄去蒂、切块。

炒焖

3 取一不粘锅，烧热后放入葱花和蒜片炒香，然后放入番茄块，翻炒至变软。

4 放入胡萝卜块，倒入适量清水，加入番茄酱，盖上锅盖，小火焖煮5分钟。

煎制混合

5 另起一不粘锅，烧热后转小火，放入刚刚揉好的丸子，慢慢煎至表面金黄。

6 将煎好的丸子放入煮有番茄的锅里，盖上锅盖，继续小火焖20分钟，加盐调味，点缀葱花即可。

👍 在鸡肉馅中混合燕麦片会让肉丸的口感更好，而且有助于消化吸收。搭配番茄熬一锅红汤，获得视觉与味觉的双重享受，而且不必担心吃胖。

烹饪秘籍

煮好的番茄鸡胸丸可以隔夜再吃，泡了一夜的丸子会更加入味，味道更好。

浓郁番茄香
番茄罗勒鸡胸肉

🕐 **50**分钟

🔥 难度 中

含糖量
12g

蛋白质
101g

总热量
515kcal

主料　鸡胸肉 400 克｜番茄 200 克
辅料　洋葱丝 30 克｜蒜片 5 克｜盐半茶匙
　　　黑胡椒粉半茶匙｜白胡椒粉 1 茶匙
　　　干罗勒碎 5 克｜香葱碎少许

👍 这是一道充满意式风味的菜肴，赤红的酱汁裹着鸡胸肉，整个过程完全没加一滴水，全靠番茄熬出的浓汤。番茄具有美白祛斑的作用，可以提亮肤色，鸡胸是高蛋白低脂肪的肉类，两者搭配，成就了这道酸甜浓郁、低脂健康的美味。

做法

准备 —1

将鸡胸肉洗净后控干水，切成约1.5厘米宽的大条。

—2

在鸡肉条上均匀涂抹盐、黑胡椒粉和白胡椒粉，腌制10分钟。

—3

将番茄洗净后去蒂，切成小块，放到碗里备用，千万不要浪费汤汁。

煎烧 —4

取一不粘锅，放入鸡肉条，将一面煎至金黄后翻面，煎至同样程度，盛出。

—5

锅内放入蒜片和洋葱丝，小火炒出香味，然后倒入切好的番茄。

—6

翻炒几下后放入鸡胸肉，翻炒均匀后盖上锅盖，中小火煮到番茄软烂成泥。

调味出锅 —7

10分钟后，打开锅盖，加入盐、黑胡椒粉、白胡椒粉和罗勒碎，搅拌均匀。

—8

开大火收汁，汤汁浓稠后关火，盖上锅盖，闷20分钟让鸡肉入味，盛出，撒少许香葱碎点缀即可。

烹饪秘籍

切鸡肉时，和鸡肉纹理呈45°下刀，这样切出的鸡肉更滑嫩、更好吃。

133

酸甜滑嫩，好吃好看
番茄豆腐鱼

⏱ **30**分钟

🔥 难度 高

含糖量	蛋白质	总热量
21g	**35g**	**297kcal**

👍 天冷的时候吃上这么热气腾腾、好吃又好看的一锅，简直是人生享受。在万物皆能包容的番茄浓汤里，味道鲜美、肉质滑嫩、蛋白质含量丰富且无刺的龙利鱼，搭配豆腐及金针菇，缔造了这道健康营养的人间美味。

主料　龙利鱼柳 200 克 | 豆腐 100 克
　　　番茄 200 克 | 金针菇 50 克
辅料　蛋清 20 克 | 白胡椒粉半茶匙
　　　盐半茶匙 | 食用油半茶匙 | 蒜末 3 克
　　　番茄酱 1 汤匙 | 生抽 1 茶匙
　　　玉米淀粉 1 茶匙 | 香葱碎 2 克

烹饪秘籍

汤汁的酸度可以根据个人偏好用白醋调整。如果想吃辣味，可以加点黄辣椒酱，味道也不错。

做法

准备

1 将龙利鱼柳洗净，控干水，切3厘米见方的块，放入蛋清、白胡椒粉和盐拌匀，腌10分钟。

2 将金针菇切去老根，洗净后撕成小束；豆腐切成2厘米见方的块。

3 番茄洗净后去蒂、去皮，切成小丁，放入碗中备用。

煮制

4 取一煮锅，烧适量水，水沸后下入豆腐，煮1分钟捞出。

5 再放腌制好的龙利鱼块，煮至八成熟捞出。

收汁

6 另起一炒锅，锅热后倒油，油微热后放入蒜末炒香。

7 倒入番茄丁，中火煸炒出汤汁，然后加入番茄酱翻炒均匀。

8 再向锅内加入适量清水、生抽和盐，中小火慢慢熬至浓稠。

混合调味

9 向锅内放入豆腐块和金针菇煮熟，再放入龙利鱼块，小火炖入味。

10 最后用玉米淀粉和水调成水淀粉，倒入汤汁里勾个芡，撒点香葱碎即可。

在美味中减脂增肌
香煎龙利鱼

🕐 **30** 分钟
🔥 难度 低

含糖量
10g

蛋白质
52g

总热量
265kcal

👍 煎龙利鱼的秘诀就是保持原汁原味。选出最简最优的料理方式，遵循适量、少油盐、高蛋白的原则，做出来的这道减脂增肌餐，怎会令你不心动呢？

主料 速冻龙利鱼片 500 克
辅料 黑胡椒粉 1 茶匙｜盐半茶匙
橄榄油半茶匙｜姜丝 3 克｜柠檬半个

做法

腌制准备

1 买回的速冻龙利鱼片待其自然解冻，洗净，擦干表面水分。

2 在鱼片两面均匀涂抹黑胡椒粉和盐，轻轻按摩后腌制20分钟。

煎制调味

3 取一平底锅，烧热后倒入橄榄油，转小火，放入姜丝慢慢炒出香味。

4 把姜丝拨到一边，放入腌制好的龙利鱼片，轻轻晃动几下。

5 待鱼片底部发白后用木铲和筷子辅助翻面，煎至两面发白。

6 将柠檬汁挤在鱼身和锅内，盖上锅盖，焖1分钟即可盛出。

烹饪秘籍

想要鱼肉更有香味，可以倒入自己喜欢的果酒，盖上锅盖焖一会儿，会有意想不到的效果哦。

👍巴沙鱼作为经济又好吃的淡水鱼，含钙量丰富，减脂期间吃它，满足馋嘴的同时也不用担心会长肉。

肤若凝脂
清蒸巴沙鱼片

🕐 **25** 分钟
⚖ 难度 低

含糖量	蛋白质	总热量
0g	63g	316kcal

主料 巴沙鱼片 400 克
辅料 葱 10 克 | 生姜 10 克 | 小米辣 5 克
盐半茶匙 | 香油半茶匙
蒸鱼豉油 2 茶匙 | 香葱碎少许

做法

准备

 1 将巴沙鱼片冲洗干净后剔除白色的筋膜，控干水，在鱼身上撒上盐，摆在盘中备用。

 **2** 将葱、生姜、小米辣洗净，生姜去皮、切丝，葱切丝，小米辣切小片。

摆盘

 3 在鱼身上依次铺上姜丝、葱丝和小米辣片。

 **4** 最上面淋少许香油，用耐高温保鲜膜把鱼片盖住。

蒸制调味

 5 蒸锅内烧水，水沸后放入鱼片，大火蒸7分钟，然后关火闷8分钟。

 **6** 最后打开锅盖，轻轻取掉保鲜膜，淋上蒸鱼豉油，撒上少许香葱碎点缀即可。

烹饪秘籍

鱼肉上一定要封上耐高温保鲜膜，这样可以保证最上面的一片鱼肉也是嫩的，否则一打开锅盖很容易风干，影响口感。

养胃又温暖
牛肉炖萝卜

🕐 **60** 分钟
🔥 难度 中

含糖量 18g

蛋白质 62g

总热量 423kcal

👍 大块精瘦的牛肉和软烂通透的萝卜，浸泡在清澈的高汤里，一口下去，暖暖的、很满足。白萝卜可以助消化，宽肠通便。

主料　牛肉 300 克 | 白萝卜 300 克
辅料　葱 5 克 | 生姜 5 克 | 食用油 2 克
　　　生抽半茶匙 | 胡椒粉半茶匙
　　　盐半茶匙

烹饪秘籍

不要加太多的生抽，加多了不仅汤的颜色会深，而且会盖住食物本身的味道。生抽的主要作用是提鲜，咸淡可以通过加盐调节。

做法

准备 — 1

将牛肉切成3厘米见方的块，冷水下锅，水沸后转小火煮5分钟，撇去浮沫。

2

把牛肉捞出，用温水冲洗干净，控干水备用。

3

白萝卜洗净、去皮，切和牛肉大小相同的块；生姜切姜片和姜末；葱切葱段和葱碎。

炒制 — 4

起一煮锅，倒入油，油热后爆香葱碎和姜末。

5

然后放入牛肉块，加入生抽翻炒均匀。

炖煮调味 — 6

加入葱段、姜片和胡椒粉，倒入没过牛肉的热水，大火煮沸后盖上锅盖，转小火煮炖30分钟。

7

加入白萝卜，把肉翻到萝卜上面，盖上锅盖，继续炖煮。

8

等到白萝卜透明且肉香四溢时关火，加盐调味，葱花点缀就可以了。

低脂肪料理

低脂狮子头

🕐 **60** 分钟

🥄 难度 高

 含糖量
32g

 蛋白质
54g

 总热量
486kcal

主料　纯瘦猪肉 250 克｜荸荠 70 克
　　　山药 150 克
辅料　葱 5 克｜姜 3 克｜盐半茶匙
　　　蚝油半茶匙｜蒸鱼豉油半茶匙
　　　香葱碎少许

👍 传统的狮子头，是一道让人又爱又恨的高热量美味。而这道低脂狮子头，用山药代替肥肉，保持肉质的蓬松，荸荠则增加了爽脆的口感，整体的热量低了好多，美味却丝毫未减。

做法

搅打肉馅 ⟶

1 猪肉洗净后擦干水，剁成肉馅。

2 将荸荠和山药洗净后去皮，荸荠切成小丁，山药用料理机打成糊状。

3 葱、姜剁成末，将以上食材全部混合在一起，放在一个碗中。

4 往碗中加入盐和蚝油，用三只筷子沿着一个方向搅打肉馅至上劲。

煮丸子

5 用手抓起肉馅反复拍打捏紧，把肉馅里的空气排出，再揉成丸子的形状。

6 锅内烧开水，将丸子溜边滚入锅中，汆烫至表面定形后捞出，码放在盘子里。

蒸制调味 ⟵

7 取一蒸锅，水沸后将装有丸子的盘子放入蒸屉，盖上锅盖，蒸20分钟。

8 最后将盘子取出，每个狮子头上淋蒸鱼豉油，撒少许香葱碎点缀就可以了。

烹饪秘籍

搅打肉馅时加盐不仅可以增加咸味，而且能够提高肉馅的黏稠度。

肉肉无罪，健康美味
清蒸黄瓜塞肉

🕐 **25** 分钟

🔥 难度 低

含糖量
13g

蛋白质
23g

总热量
478kcal

主料 黄瓜 150 克 | 猪肉末 100 克
辅料 蛋清 30 毫升 | 玉米粒、豌豆、胡萝卜粒共 50 克
料酒 2 茶匙 | 盐半茶匙
味极鲜酱油半茶匙

👍 这是一道没有用油的菜，更健康的同时并没有丢掉好味道。黄瓜是很好的"肠道清道夫"，可以帮我们排出肠内垃圾。这道菜可以生熟混合一起吃，口感很是惊艳。

做法

制作肉馅 ⟶

1 把猪肉末放在干净的碗中，加入蛋清、料酒和盐，用三根筷子顺时针搅匀，腌制15分钟。

2 将玉米粒、豌豆和胡萝卜粒洗净后擦干水，混入肉末中搅拌均匀。

造型

3 黄瓜洗净后去皮，用刨皮刀由上到下刨成长长的黄瓜薄片。

4 取一半黄瓜片由一侧卷起，像卷纸巾一样卷成黄瓜花，然后用牙签横穿固定。

摆盘调味 ⟵

7 20分钟后关火，取出黄瓜卷，和黄瓜花一起摆放在盘中。

8 最后往每个有肉的黄瓜卷上滴少许味极鲜酱油就可以了。

蒸制 ⟵

5 另一半黄瓜片卷成空心的圆柱卷，把准备好的肉馅塞进去。

6 取一蒸锅，水沸后把卷有肉馅的黄瓜卷摆在蒸屉中，蒸制20分钟。

烹饪秘籍

蒸的菜一定要趁热吃，否则容易变得干硬，影响口感。

增肌小吃
微波盐酥鸡

⏱ **45** 分钟
🥢 难度 低

🥄 含糖量 **24g**

🥚 蛋白质 **103g**

☀ 总热量 **579kcal**

盐酥鸡可是男女老少皆喜爱的一道小吃。但是减脂期间必须严格控制油的摄入，所以机智的美食发明家们创造了这道不用油的微波盐酥鸡。

主料 鸡胸肉 400 克｜全麦面包屑 30 克
辅料 酱油 1 茶匙｜胡椒粉半茶匙
盐半茶匙

做法

腌制准备

1 将鸡胸肉洗净后切成 1.5厘米见方的块，放入碗中，加入酱油，腌制30分钟。

2 把全麦面包屑在微波炉中烘干一下，然后加入盐和胡椒粉拌匀。

挂糊

3 把腌好的鸡胸肉拿出来，放入面包屑中，轻轻翻动，让面包屑完全包裹鸡胸肉。

4 取一个干燥的玻璃盘，铺上油纸，把鸡肉块平铺在玻璃盘上。

烤制

5 将玻璃盘放进微波炉内，高火加热3分钟。

6 取出玻璃盘，将鸡肉块翻面，再放回微波炉内高火加热30秒就可以了。

烹饪秘籍

调料不要加太多，如果拿捏不准就尽量少加，烤完之后尝一下，再撒少许椒盐调味就好啦。

5

Chapter

饭菜一锅，轻松做晚餐

——减糖的同时又操作简单

健康餐也可以有滋有味
魔芋酸辣粉

🕐 10 分钟
💧 难度 低

含糖量 4g	蛋白质 3g	总热量 70kcal

主料	魔芋面 200 克｜生菜 3 片
辅料	小米椒 3 个｜大蒜 2 瓣｜盐适量 辣椒油 1 汤匙｜陈醋 3 汤匙 生抽 2 汤匙｜香菜 2 棵｜小葱 1 棵 花椒粉 1 茶匙

做法

准备

1 将香菜、小葱、小米椒和大蒜洗净，切碎备用。

2 取一个较大的汤碗，调入辣椒油、花椒粉、陈醋、生抽和盐备用。

汆烫

3 将魔芋面用清水冲洗一下，放入沸水中煮至水再次沸腾。

4 将生菜洗净，放入锅中烫约10秒即可关火。

混合调味

5 将煮好的魔芋面和生菜捞入汤碗中，再盛入适量煮魔芋面的热汤。

6 根据个人口味，撒上葱花、香菜、小米椒和蒜末。

👍吃腻了清淡的健康餐，嘴巴总想来点香香辣辣的过过瘾。一碗低热量又够"重口味"的魔芋酸辣粉，让人想连汤都喝光。

烹饪秘籍

袋装魔芋面中泡魔芋的液体里通常有氢氧化钙，所以食用前需要用流动的清水冲洗一下再下锅炖煮。

👍魔芋是一种很百搭的食材，对于有控糖需求的人士来说，魔芋面本身大大降低了热量和糖分的摄入，是理想的健康食材。

小炒牛柳魔芋面

 🕐 **30** 分钟
 🥄 难度 中

含糖量 17g	蛋白质 43g	总热量 351kcal

主料 魔芋面 200 克｜牛里脊 150 克
辅料 食用油适量｜洋葱半个｜青椒半个
鸡蛋清 1 个｜淀粉少许｜生抽 2 汤匙
老抽半汤匙｜盐适量｜现磨黑胡椒适量

做法

准备腌制

 将魔芋面用清水冲洗干净，沥干备用；牛里脊洗净，用厨房纸巾吸干水；洋葱和青椒切成细丝备用。 **1**

 将牛里脊切成细丝，倒入生抽、老抽、淀粉和鸡蛋清抓匀，腌制约15分钟。 **2**

炒制

 炒锅烧热，倒入适量油，将腌好的牛里脊滑入锅中，炒至变色后捞出。 **3**

 利用锅中的底油，下入洋葱丝和青椒丝，翻炒出香气。 **4**

混合调味

 将炒好的牛柳和魔芋面下入锅中翻炒均匀。根据个人口味用盐和现磨黑胡椒调味即可。 **5**

烹饪秘籍

切牛肉之前要先观察纹理，逆着牛肉的纹理横向切可以把牛肉的纤维斩断，这样即使炒得略微久一点，嚼起来也不会太老。

满足你想大口吃肉的需求
番茄牛肉魔芋面

分钟

难度 高

含糖量
14g

蛋白质
40g

总热量
777kcal

主料　牛腩 200 克│番茄 3 个│魔芋面 200 克
辅料　食用油适量│八角 1 个│大葱 1 段
　　　大蒜 3 瓣│姜 3 片│老抽 1 汤匙
　　　生抽 1 汤匙│葱花少许│香菜少许
　　　盐适量

👍一碗面做好，连肉带菜和主食都齐了，是最"懒人"的做法。不仅饱腹，营养也丰富，能满足你一天的能量需求。

做法

煮牛腩

1 将牛腩洗净，用厨房纸巾吸干水分，切成大块备用。大葱切长段，大蒜拍扁。

2 汤锅中加入足量水，将牛腩块冷水下锅，煮沸后捞出。

炒炖

3 炒锅烧热，倒入适量油，将葱、姜、蒜和八角下锅，翻炒出香气。

4 将牛腩下锅一同翻炒，倒入生抽和老抽，翻炒均匀后加入足量热水，慢慢炖煮约1小时。

5 番茄洗净去皮，切成大块，下锅，与牛腩一同炖至软烂。

煮魔芋

6 牛肉快炖好时，另起一锅，将魔芋面煮熟。

混合调味

7 煮好的魔芋面捞至碗内，浇上番茄牛腩浇头。

8 根据个人口味，酌情撒些盐和葱花、香菜即可。

烹饪秘籍

番茄皮不易炖烂，会影响口感，最好在下锅前去除。可在番茄顶端用小刀划一个"十"字，放入开水中焯约1分钟，取出放凉，就能很轻松地将番茄皮撕掉。

低热量的燃脂美食
咖喱南瓜西葫芦面

⏱ 25 分钟
难度 中

| 含糖量 25g | 蛋白质 5g | 总热量 127kcal |

👍 咖喱可促进新陈代谢，有助于燃脂。整道菜热量很低，满足了在减脂路上想吃好还不要高热量的要求。

主料　西葫芦 400 克｜小南瓜 80 克
辅料　蒜片 5 克｜咖喱粉 2 茶匙
　　　橄榄油 1 茶匙｜盐半茶匙
　　　香菜末少许

做法

准备

1 将小南瓜洗净后带皮切块，放入微波炉大火转熟。

2 将西葫芦洗净后用擦丝器擦成粗丝，尽量擦得长一些。

煮制

3 烧一锅水，水沸后放入西葫芦丝煮熟，熟后马上捞出过凉。

炒制调味

4 取一炒锅，烧热后放一点橄榄油，用手在锅上方试一下温度，觉得热了就离火，放入蒜片和咖喱粉，慢慢炒香。

5 等咖喱粉充分炒香之后，把南瓜放入锅内，重新上火翻炒，再放入西葫芦丝，翻动让南瓜糊包裹在西葫芦丝上。

6 开小火继续慢慢翻动，放入盐调味拌匀，关火装盘，撒少许香菜末点缀即可。

烹饪秘籍

1. 南瓜最好用烤箱或微波炉制熟，煮或蒸会有水，加上西葫芦也会出水，南瓜糊就不容易挂在西葫芦丝上了。

2. 炒咖喱粉最好离火炒，不然很容易煳。

主料　荞麦面 100 克｜鸡胸肉 1 小块
辅料　黄瓜半根｜盐半茶匙｜生抽 2 汤匙
　　　蚝油少许｜姜片 2 片｜料酒 2 汤匙
　　　醋 2 汤匙｜蒜末少许｜白芝麻少许

低热量又饱腹

手撕鸡丝
荞麦面

⏱ 30 分钟
🔥 难度 中

含糖量 74g ｜ 蛋白质 49g ｜ 总热量 525kcal

做法

煮鸡胸

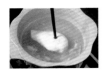

将鸡胸肉洗净，冷水下锅，锅中放入姜片和料酒，大火煮沸后转中火煮8~10分钟，筷子插入鸡胸肉没有血水渗出即可。 **1**

将鸡胸肉沥干，放凉，撕成鸡丝备用。 **2**

准备

另起一锅水煮沸，下入荞麦面煮熟。煮好的荞麦面捞出过凉水，彻底凉透后沥干。 **3**

将黄瓜洗净，用工具擦成细丝。 **4**

混合调味

把生抽、蚝油、醋、蒜末、盐放入小碗中，加入少许清水制成调味汁。 **5**

把荞麦面、黄瓜丝和鸡丝摆放在盘中，淋上调味汁，再撒上白芝麻即可。 **6**

👍 陕北地区土地贫瘠，不适合种小麦却适合荞麦生长，所以荞麦面是陕北地区最受欢迎的食物之一。荞麦面中含有对人体有益的油酸、亚油酸，膳食纤维是米和面粉的八倍之多，对身体大有裨益。

烹饪秘籍

喜欢吃辣的话，可以在调味汁中放上一些辣椒酱或油泼辣子，这样拌出来的荞麦面更具有成都名菜鸡丝凉面的热辣风味。

百变的饭
海鲜藜麦饭

🕐 **25** 分钟
👌 难度 低

含糖量
33g

蛋白质
20g

总热量
239kcal

主料 藜麦 40 克 | 番茄 100 克 | 西蓝花 100 克
虾仁 50 克

辅料 洋葱 20 克 | 橄榄油半茶匙
黑胡椒粉半茶匙 | 盐半茶匙
香葱碎少许

👍 这是一道可以百搭的饭，必备食材是藜麦和番茄。藜麦是被联合国粮农组织认证的"一种单体植物就可以基本满足人体基本营养需求"的食物，番茄可以赋予整道饭的基调，其他的大家发挥想象力添加就可以了，召唤四类食物就可以做出低卡营养的美味啦。

做法

准备

1 将藜麦淘洗干净，所有食材冲洗干净。

2 将番茄切小块；西蓝花切小朵；洋葱切碎；虾仁挑去虾线，再次冲洗干净备用。

煸炒

3 炒锅烧热，加入少许橄榄油，放入洋葱碎，小火煸出香味。

4 放入番茄，小火慢慢炒出汤汁，然后放入西蓝花，中火翻炒1分钟。

调味

7 观察到汤汁收得差不多的时候，打开锅盖，翻动一下食材。

8 最后加入盐和黑胡椒粉调味，可撒少许香葱碎点缀。

焖煮

5 待西蓝花变软后放入藜麦，加入没过食材一半量的热水，盖上锅盖，中火煮3分钟。

6 3分钟后放入虾仁，盖上锅盖，继续焖煮5分钟。

烹饪秘籍

番茄去皮口感会更好，还可以加入牛肉、鱼、牡蛎等食材，或者加入自己喜欢的调味料，所以说这道海鲜藜麦饭是百变的饭。

美味不变，营养满分
黄焖鸡杂粮饭

🕐 **60** 分钟
♨ 难度 高

 含糖量 133g

 蛋白质 83g

 总热量 1100kcal

主料　糙米 70 克｜燕麦米 70 克｜黑米 30 克
去皮鸡腿肉 300 克｜甜椒 100 克
香菇 100 克
辅料　大蒜 5 克｜食用油半茶匙｜生抽半茶匙
酱油半茶匙｜淀粉少许｜香葱碎少许

👍 餐馆里做的黄焖鸡米饭实在是太不健康了，重油重盐重味精。不如在家自己做，换成更抗饿、更健康的粗杂粮，非常适合注重健康饮食和处于减脂期的人们食用。

做法

准备 —1

将糙米、燕麦米、黑米洗净后浸泡一夜，加入比蒸白米饭略多一些的水，在电饭煲里蒸熟，保温备用。

2

将甜椒和香菇冲洗干净后掰成块状，大蒜洗净后用刀拍散。

3

将鸡腿肉洗净后切块，加生抽和少许淀粉抓匀，腌制20分钟。

炒制 —4

取一炒锅，烧热后放油，油微热时放入拍好的蒜瓣，翻炒出香味。

5

放入鸡腿块，小火翻炒至鸡肉微微发焦。

6

向锅内放入甜椒块和香菇块，倒入酱油，翻炒均匀。

焖制收汁 —7

等鸡肉和蔬菜均匀着色后，加入一小碗温水，盖上锅盖，小火焖20分钟。

8

最后大火收汁，盛一碗糙米饭，将做好的黄焖鸡浇在米饭上，再撒少许香葱碎点缀，就可以吃啦。

烹饪秘籍

鸡肉富含蛋白质，但是鸡皮里面却全是脂肪。吃鸡肉的时候把鸡皮去掉，如果嫌去皮太麻烦，可以用鸡胸肉代替。

做个精致的瘦子
鸡胸糙米时蔬饭团

🕐 **80**分钟
🌡 难度 低

含糖量
159g

蛋白质
75g

总热量
1046kcal

主料　糙米 200 克｜鸡胸肉 200 克
　　　菠菜 100 克
辅料　鸡蛋 50 克｜红甜椒 30 克｜酸黄瓜 20 克
　　　生抽半茶匙｜黑胡椒粉半茶匙
　　　香油半茶匙｜盐半茶匙
　　　熟白芝麻少许

👍 糙米比精米更容易让人产生饱腹感，可以在无形之中控制饭量；鸡胸肉是公认的减脂食材，辅之补充维生素的菠菜，让人边吃边瘦。

做法

准备腌制

1 将糙米提前泡一夜，第二天淘洗干净后蒸熟，放凉后拌入香油和盐备用，这一步是防止米饭粘连并增加味道。

2 将鸡胸肉洗净后擦干水，顺着纹理切成细长条，再切成1厘米见方的丁，放入生抽和黑胡椒粉，抓匀后腌10分钟。

3 将鸡蛋打散，放一点点清水和盐；烧热煎锅，锅内放少许香油，小火煎成薄薄的鸡蛋饼，放凉后切碎。

煎制

4 接着把鸡胸肉放入煎锅，小火慢慢煎至金黄，盛出后放凉备用。

准备辅料

5 将菠菜择洗净，烧一锅开水，水沸后放入菠菜，翻搅几下捞出，过凉水，挤干水后切碎备用。

6 将红甜椒和酸黄瓜洗净，控干水分后，分别切成红甜椒丁（黄豆大小）和酸黄瓜碎。

制作饭团

7 所有食材放凉后，放在一个大碗里充分搅拌均匀，尝尝味道，不够咸再放些盐。

8 最后，戴上手套抓一把混合好的食材捏成圆团就可以了，也可以撒些熟白芝麻装饰。

烹饪秘籍

做饭团的油是香油而不是普通的植物油，因为饭团的加工和储藏环境都是低温的，香油比其他植物油或动物油的凝固点都要低，低温环境下不容易凝固，可以最大限度保证饭团的口感。

美味不变，营养满分
杂粮紫菜包饭

⏱ 65分钟
🥄 难度 中

含糖量
40g

蛋白质
21g

总热量
314kcal

主料　糙米 10 克│紫米 10 克│燕麦 5 克
　　　大米 5 克│小米 5 克│藜麦 5 克
辅料　紫菜 1 张│胡萝卜半根│黄瓜 1 根
　　　鸡蛋 1 个│肥牛卷 50 克│菠菜 1 棵
　　　香油 1 汤匙│盐适量│食用油少许
　　　生抽适量

👍 小米含有丰富的胡萝卜素；紫米富含钙、铁、锌和花青素；燕麦含有膳食纤维和亚油酸，对便秘有很好的改善作用。多吃杂粮可以平衡膳食结构，对身体益处多多。

做法

准备 ▶

1 将糙米、紫米和藜麦提前用清水浸泡约 1 小时，备用。

2 将所有主料放入电饭煲，拌匀，加水，蒸成杂粮饭后，淋 1 汤匙香油，拌匀后放至室温。

3 胡萝卜和黄瓜用工具擦成细丝，加少许盐，腌制约 10 分钟，将多余的水挤出。

4 将菠菜洗净，焯水后过凉水备用。

炒制切备 ▶

5 炒锅烧热后淋入少许油，将肥牛卷炒熟，撒入适量盐和生抽调味。

6 将鸡蛋在碗中打散，下入锅中煎成蛋饼。蛋液凝固后取出，切成约一指宽的长条。

卷起造型 ◀

7 在紫菜较为粗糙的一面均匀铺一层薄薄的杂粮饭，用锅铲压实。杂粮饭铺满 4/5 的位置即可，顶端留一点空间。

8 在最下端铺胡萝卜丝、黄瓜丝、菠菜叶、肥牛卷和鸡蛋，自下而上将紫菜卷紧。将紫菜包饭切成约一指宽的段即可。

烹饪秘籍

紫菜包饭好吃的秘密在于，饭要尽量少，料要尽量足。蔬菜一定要经过处理挤出多余的水，这样才不会吃起来水淋淋的。

日料店中经久不衰
日式蛋包杂粮饭

⏱ **35** 分钟

🥄 难度 中

含糖量
2g

蛋白质
13g

总热量
139kcal

160

主料　鸡蛋 2 个｜杂粮饭 1 碗
辅料　盐半茶匙｜番茄酱少许｜橄榄油少许

👍 蛋包饭有很多种，本款可以说是老少咸宜的基础款做法，蛋皮容易成形，保证你不会翻车。

做法

制作蛋皮 — 1

将 2 个鸡蛋打入碗中，加入少许盐搅拌均匀，充分打散，使蛋清、蛋黄完全混合在一起。

— 2

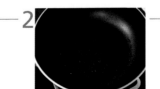

平底不粘锅烧热，淋入橄榄油后晃动锅体，使油均匀地分布在锅底。

— 3

将蛋液倒入锅中，迅速旋转锅体，让蛋液均匀地附着在锅底形成一个厚度均匀的圆饼，小火加热。

装填定形 — 4

当底部的蛋液凝固、上方蛋液还没有完全凝固时，放入杂粮饭。

— 5

尽量在不破坏蛋饼的基础上，用锅铲将杂粮饭整理成中间略宽、两端略窄的橄榄形。

— 6

用锅铲小心地掀起蛋饼边缘，将蛋饼的两侧向中间折叠。

装盘调味 — 7

找一个大小合适的盘子反扣在锅中，翻转锅体将蛋包饭转移到盘里。

— 8

将番茄酱挤在蛋包饭表面，做出装饰图案即可。

[烹饪秘籍]
制作蛋包需要全程保持中小火，这样受热均匀也不易将蛋皮烧煳变黑。时刻注意着火候，切记慢工出细活。

低碳水，低热量
菜花无米蛋炒饭

🕐 20 分钟
难度 低

含糖量
29g

蛋白质
14g

总热量
202kcal

👍 每100克菜花的热量仅25千卡，几乎是米饭热量的1/5，而菜花的膳食纤维含量则是米饭的3倍。菜花炒饭不仅可以摄取更多营养，也能避免摄入过多的淀粉和热量。

烹饪秘籍

这道菜没有什么难度，只要把普通蛋炒饭中的米饭换成菜花就可以了。如果觉得将菜花一点点切碎很麻烦，可以试着用家中的料理机或婴儿辅食机打碎，会更方便。

主料　菜花半个｜玉米粒少许｜洋葱 1/4 个
　　　荷兰黄瓜半根｜胡萝卜 1/4 个
　　　鸡蛋 1 个

辅料　小米椒 1 个｜盐适量｜现磨黑胡椒适量
　　　橄榄油 2 汤匙

做法

准备

1 将荷兰黄瓜、胡萝卜和洋葱洗净，切成1厘米见方的小丁，小米椒切碎。

2 用刀耐心地将菜花顶端的颗粒一点点切下来，菜花梗弃掉不用。

炒制

3 不粘锅烧热，淋入1汤匙橄榄油，磕入1个鸡蛋，炒碎、炒香。

4 将鸡蛋盛出，再次淋入1汤匙橄榄油，将洋葱和小米椒炒出香气。

5 荷兰黄瓜、胡萝卜和玉米粒也下入锅中翻炒几分钟。

混合调味

6 下入菜花碎和鸡蛋碎，继续翻炒约2分钟，闻到香气溢出即可根据个人口味调入盐和现磨黑胡椒，拌匀即可出锅。

👍 与玉米、大米、小麦等谷物相比，燕麦能够抑制饭后血糖浓度上升，并且燕麦纤维具有很好的吸水能力，可以提供长久的饱腹感，让你不知不觉少吃一点。

含糖量 **59g**　蛋白质 **32g**　总热量 **756kcal**

主料　燕麦片 40 克｜牛奶半杯｜鸡蛋 1 个
辅料　香蕉 1 根｜坚果碎少许

做法

准备搅拌

把香蕉剥去外皮，取一小段切成约0.5厘米厚的圆片。 **1**

将剩余的香蕉放入碗中，压成香蕉泥。 **2**

把燕麦片、鸡蛋和牛奶也放入碗中，充分搅拌均匀。 **3**

摆盘

将燕麦片糊倒入烤盅里，摆上香蕉片作为装饰。 **4**

烤制混合

烤箱预热至180℃，放入烤盅烤约20分钟。取出烤好的燕麦饭，撒上少许坚果碎即可。 **5**

烹饪秘籍

烤燕麦饭可以根据手边现有的食材随意搭配，想吃甜的就放些水果或南瓜，想吃咸的可以放上培根和芝士，随意搭配的食材可能会有意想不到的效果。

带上它去野餐
墨西哥鸡肉卷

🕙 **40**分钟

🔥 难度 中

含糖量
78g

蛋白质
36g

总热量
484kcal

主料　中筋面粉 80 克｜全麦面粉 20 克
　　　煎鸡胸肉 1 块｜苦菊适量｜生菜叶适量
辅料　酵母 1 克｜盐 1 克｜清水 60 毫升
　　　橄榄油少许

👍 卷饼是最有代表性的美式墨西哥菜，虽然看起来有点复杂，其实做起来一点也不难。最重要的是，想吃什么食材尽情卷起来就好了，带出门去野餐也很方便。

做法

制作面饼 ➡️

1 将中筋面粉、全麦面粉、酵母、盐、橄榄油和清水混合在一起，揉成均匀的面团，盖上保鲜膜或湿布，在室温下静置15分钟。

2 取出面团再揉一次排气，分割成3等份后滚成圆形的面团，盖上保鲜膜或湿布，再次静置约15分钟。

3 在台面上撒少许面粉，将小面团依次擀成面饼。尽量擀得薄一些，大小和6英寸盘子差不多就可以了。

4 平底不粘锅烧热，不用放油，将面饼放入烙至中间鼓起泡，翻面烙熟即可。

切备

5 将煎鸡胸肉切成手指粗细的条。

6 苦菊和生菜叶洗净，沥干，一片片择下。

卷起 ⬅️

7 取一张全麦饼放在盘子上，依次摆上鸡胸肉、苦菊和生菜叶。

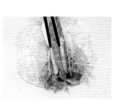

8 将饼皮卷起来，外层用一张尺寸合适的油纸卷好即可。

烹饪秘籍

墨西哥饼皮做好后一次吃不完可以放入保鲜袋中冷藏保存，第二天上锅蒸2分钟就能变软了。

蛋白质宝库
牛油果烤鸡胸塔可

🕐 **35** 分钟
🔥 难度 中

含糖量 **88g**

蛋白质 **65g**

总热量 **973kcal**

主料　塔可饼 2 张｜牛油果 1 个｜鸡胸肉 1 块
辅料　圣女果 3 个｜紫洋葱少许｜盐 1 茶匙
　　　黑胡椒粉少许｜花椒油 1 汤匙

做法

准备

1 将圣女果、紫洋葱洗净，切成小块备用。

2 将牛油果对半切开，去核后用勺子挖出果肉压碎成泥。

烤制切备

3 将鸡胸肉用花椒油、盐和黑胡椒粉腌制入味，放入烤箱200℃烤约20分钟。

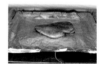

4 将鸡胸肉烤熟后切成适口大小，备用。

定形

5 塔可饼放入尺寸合适的烤碗中，两个饼挤在一起压成U形，放入烤箱中180℃烤5分钟后，取出冷却定形。

混合装填

6 将圣女果、紫洋葱、鸡胸肉和牛油果泥混合在一起拌匀。

7 把混合好的馅料填入烤好的塔可饼里即可。

👍 塔可（Taco）是墨西哥人的主食，街头路边的小摊上随处可以见到烘好的手掌大的塔可，做早午餐或晚餐都很合适。

烹饪秘籍

烤成贝壳状的饼有个专门的名字叫"Taco Shell"，更便于填入馅料，拍出的照片也更好看。如果赶时间嫌麻烦，饼皮不烤也罢，用普通的卷饼即可。

热辣墨西哥
经典牛肉塔可

⏱ 25 分钟
🥄 难度 中

含糖量
18g

蛋白质
45g

总热量
909kcal

主料　塔可饼 2 张｜牛肉 250 克｜黄彩椒 1/4 个
　　　红彩椒 1/4 个｜绿彩椒 1/4 个

辅料　白洋葱半个｜辣椒粉 1 茶匙
　　　黑胡椒粉 1 茶匙｜盐 1 茶匙｜橄榄油少许

👍 墨西哥塔可饼大多由玉米面或全麦面做成，用来包裹的食材其实也并不局限，粗粮加"蛋白质"就是很好的一餐。

做法

准备 ▸

1 将彩椒和白洋葱洗净，分别切碎。

2 逆着牛肉的纹理，将其切成细丝。

炒制调味

3 炒锅烧热，倒入少许橄榄油，放入洋葱碎，炒出香气后盛出备用。

4 用锅中的底油将牛肉丝炒至断生，放入辣椒粉、黑胡椒粉和盐进行调味。

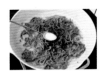

混合装填 ◂

5 关火后放入彩椒碎和炒熟的洋葱碎，翻拌均匀。

6 把饼皮放入烤箱中，180℃烤5分钟后，取出冷却定形，填入炒好的牛肉馅料即可。

烹饪秘籍

喜欢吃辣的话，可以每个塔可的最上面淋一些墨西哥辣椒酱，热辣的牛肉塔可一定会让你胃口大开。

不用揉面的懒人饼
菠菜饼卷鸡胸肉

🕐 **45**分钟
🥄 难度 低

含糖量
41g

蛋白质
31g

总热量
308kcal

主料　菠菜 2 棵｜面粉 50 克｜鸡胸肉 1 块
辅料　盐半茶匙｜黑胡椒粉适量｜料酒 1 汤匙
　　　生抽 2 汤匙｜蒜末少许｜淀粉 2 茶匙
　　　橄榄油适量

👍软乎乎的菠菜饼入口柔若无物，不用揉面，更不会粘手，就算你是厨房小白也能端出一份精致的轻食简餐。

做法

准备

1 将一块鸡胸肉对半横切成均等的两片，用刀背轻轻拍打，让鸡胸肉组织变得更松软。

2 将鸡胸肉放入碗中，加盐、料酒、生抽、蒜末、黑胡椒粉和淀粉，抓匀。盖保鲜膜腌 30 分钟，让鸡胸肉充分吸收调味汁。

煎鸡胸

3 平底锅烧热，倒入适量橄榄油，将腌好的鸡胸肉下入，两面各煎约 15 秒，使鸡胸肉表面略微变色。

4 在锅中倒入 50 毫升清水，水沸后转小火焖约 2 分钟，然后转中火将汤汁收干。鸡胸肉两面都呈现金黄色即可关火。

卷起

8 用煎好的菠菜饼卷入鸡胸肉和其他喜欢的食材即可。

煎菠菜饼

5 将菠菜叶洗净，放入料理机，加入少许清水，打成菠菜汁。

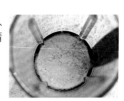

6 将面粉放入大碗中，用滤网将菠菜汁加入面粉中，不停搅拌成顺滑的面糊。为了口感更好，可以将面糊再过滤一次。

7 平底锅刷油，淋一勺菠菜面糊，摊匀，全程保持中小火，将一面彻底煎熟后再煎另一面。

烹饪秘籍

用水汽将鸡胸肉焖熟，这样做出的鸡胸肉吸收了汤汁且更加软嫩，比煎熟的鸡胸肉口感更好，一点都不柴。

不再出去买比萨
红薯燕麦底烤比萨

⏱ 分钟
难度 高

含糖量
49g

蛋白质
27g

总热量
432kcal

HEAL
&
DELICIOUS

WELCOME TO OUR MOMO'S KITCHEN
M
GOURMET FOOD

主料　燕麦片 40 克｜红薯 60 克
辅料　马苏里拉芝士碎 40 克｜柠檬汁少许
　　　盐少许｜鸡蛋 1 个｜龙利鱼柳 40 克
　　　洋葱 1/4 个｜玉米粒少许｜圣女果少许

👍 想吃比萨又怕厚厚的面底升糖太快？那你一定要动手做这款红薯燕麦底的比萨，燕麦的好处就不用再啰唆了，上面的配料更是可以随心搭配。

做法

准备

1 把红薯去皮，上锅蒸熟，用筷子可以轻松扎透就可以了。

2 将蒸熟的红薯捣成细腻的红薯泥待用。

腌制切备

3 将龙利鱼柳洗净，用厨房纸巾吸干水分，切成适口大小。

4 用柠檬汁和盐将龙利鱼抓匀，腌制约10分钟至入味。

5 将洋葱切成圈，圣女果对半剖开。

烤制

8 比萨底的形状整理好后，将洋葱、玉米粒、圣女果和腌好的龙利鱼均匀地摆放在比萨上，最后撒一层芝士碎，放入烤箱180℃上下火烘烤约20分钟。

制作饼底

6 取一个大碗，加入燕麦片、鸡蛋和红薯泥，翻拌均匀。

7 在烤盘中铺上一层油纸，将红薯燕麦底整理成饼状。面饼不要做得太厚，加热后燕麦片会膨胀一些。

烹饪秘籍

比萨搭配的蔬菜尽量选择洋葱、彩椒、玉米粒、蘑菇这些水分较少的，水分过多的蔬菜受热会释出水分，让比萨底变软不易成形。

适合一家老小的胃
南瓜藜麦饼

🕙 **40** 分钟
🥄 难度 中

含糖量
50g

蛋白质
6g

总热量
234kcal

172

主料 板栗南瓜 1/4 个 | 三色藜麦 20 克
辅料 苹果 1/4 个 | 橄榄油少许

👍 藜麦分为白藜麦、红藜麦、黑藜麦，其中黑藜麦营养价值最高，红藜麦次之，但最好消化的是白藜麦。所以将三色藜麦混合，既好消化也得到了更充分的营养。

做法

浸泡切备 ➤

1 将三色藜麦提前用清水浸泡一两个小时备用。

2 将板栗南瓜洗净去皮，切成小块。

混合制泥

3 将南瓜和藜麦一同放入小锅中，炖煮约20分钟，煮至南瓜软烂，一压就碎。

4 将煮好的南瓜和藜麦捞出沥干，混合压成藜麦南瓜泥。

煎制 ◄

7 平底锅倒入少许橄榄油，舀一勺做法6的面糊入锅，用锅铲将面糊整理成圆饼状。

8 小火将一面煎至金黄凝固后，翻转再煎另一面。

混合制坯 ◄

5 将苹果去皮去核，将果肉部分切成0.5厘米见方的小丁。

6 将苹果丁和藜麦南瓜泥混合均匀，如果太干了可以适量加入一点煮南瓜的水，若面糊较厚则不能流动。

烹饪秘籍

煎南瓜饼时不要心急，过早翻面会散开不易成形。确保底部凝固了，再翻面煎熟就能保持饼的形状不变。

换种方式来吃饼
菠菜全麦燕麦饼

⏱ 5分钟
难度 中

含糖量 **32g**
蛋白质 **14g**
总热量 **219kcal**

👍 做成墨西哥塔可（Taco）形状的菠菜饼你一定没见过，放上虾仁、鸡胸或者牛肉等优质蛋白食材，就是简单又健康的一餐主食。

主料　菠菜 3 棵
辅料　全麦面粉 15 克｜鸡蛋 1 个
　　　燕麦片 20 克｜盐少许

做法

准备

1 菠菜洗净切去根部，放入开水中焯烫。

2 待菠菜冷却，挤去多余的水后切碎备用。

混合制坯

3 碗中放菠菜碎、打散的鸡蛋液、全麦面粉、燕麦片和盐，拌匀成浓稠的糊状。

4 烤盘上铺一张油纸，取适量面糊抹平成直径约15厘米的圆饼。

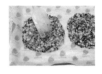

烤制装填

5 将烤盘放入烤箱中，180℃烘烤约10分钟。

6 趁热取出烤好的饼，将其弯成U形，夹上各种食材即可。

烹饪秘籍

趁热将饼从烤箱中取出，包在一个干净的玻璃杯上，稍微固定饼的两端，待饼变得温热时自然就能定形了。

低糖潮饮
——你还在喝高糖饮品吗？

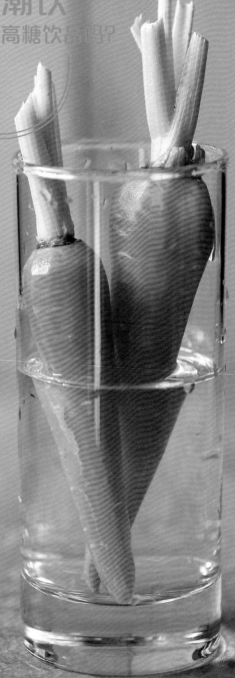

一口喝掉整个夏天
荷兰小黄瓜苏打

⏱ 10分钟
📖 难度 低

含糖量
10g

蛋白质
2g

总热量
57kcal

主料 荷兰黄瓜 1 根｜青柠檬 1 个
黄柠檬半个

辅料 苏打水 1 瓶｜冰块适量

👍 小时候喜欢喝可乐，这种带气泡的饮料太具有吸引力了，喝一杯冰凉的碳酸饮料是夏天最愉悦的事了。长大之后要控糖，那就喝苏打水吧！

做法

搅打 ━━━━━━━━━━━━━━━➤ **切备造型**

1 将荷兰黄瓜洗净，用刮刀刮成薄片，取2片最完整、形状最好看的备用。

2 剩余的荷兰黄瓜榨成汁。

3 将青柠檬和黄柠檬洗净，横着切薄片。

4 取一个较高的玻璃杯，将预留的2片荷兰黄瓜贴在杯壁上。

混合 ◄

5 杯中盛入1/4杯冰块，放入几片柠檬，再盛入1/4杯冰块。

6 倒入15毫升黄瓜汁，然后倒入苏打水即可。

烹饪秘籍

黄瓜的味道超级清新，特别适合炎炎夏日里饮用。如果家里种了薄荷，也可以摘几片薄荷叶加入杯中，做成一杯无酒精莫吉托。

清爽无负担
黄瓜薄荷汁

🕐 10 分钟
难度 低

主料　黄瓜 1 根（约 200 克）
辅料　薄荷叶少许

做法

1 将黄瓜洗净、去皮，切成大小适宜的块。

2 将薄荷叶洗净，放入杯中，用擀面杖捣出汁液。

3 杯中加入适量饮用水，浸泡5分钟左右，等待薄荷精华渗入水中。

4 将黄瓜和薄荷水一同倒入料理机中，搅打均匀即可。

> **烹饪秘籍**
>
> 薄荷直接榨汁后饮用会太过清凉，冷泡萃取出薄荷水，再用来和其他果蔬一起榨汁味道正好。

纯绿色的健康饮品
苦瓜黄瓜青汁

🕐 5 分钟
难度 低

主料　苦瓜（去瓤）1 根｜黄瓜 1 根
辅料　青汁粉少许

做法

1 把处理好的苦瓜和黄瓜全部切成小丁。

2 将苦瓜丁和黄瓜丁放入料理机中，加入少许饮用水。放入少许青汁粉，搅打均匀即可。

> **烹饪秘籍**
>
> 可将苦瓜切成小丁后放入冷水中浸泡一会儿，可消除部分苦味。

主料　菠菜 2 棵｜柠檬 1 个
辅料　绿茶 10 克

做法

 将菠菜洗净，余水变色后
捞出冷却。 **1**

 将绿茶放入茶壶中，倒入
约85℃的热水，浸泡约2
分钟滤出茶汤。 **2**

 把菠菜切成小段，柠檬对
半切开。 **3**

将菠菜放入料理机，挤入
柠檬汁，倒入绿茶，搅打
均匀即可。 **4**

⎡ 烹饪秘籍 ⎤

泡绿茶时不要用100℃的沸水冲泡，尤
其是茶叶鲜嫩的上好绿茶，用约80℃的
水温比较合适。

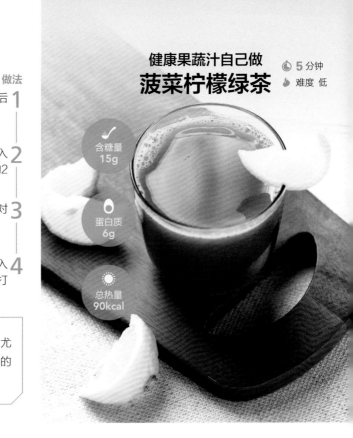

健康果蔬汁自己做
菠菜柠檬绿茶
🕐 5分钟
🔥 难度 低

含糖量
15g

蛋白质
6g

总热量
90kcal

主料　雪梨 2 个（约 400 克）
辅料　青柠檬 1 个｜盐少许

做法

 将雪梨洗净，擦干表皮
的水，放入冰箱冷冻2天
以上。 **1**

 将冻好的梨放在碗中，倒
入清水没过梨表面，室温
下解冻。 **2**

 青柠檬用盐搓洗干净外
皮，切成薄片放入杯中。 **3**

 解冻好的梨擦干表皮水，
将梨顶端的把拔掉，用力将
冻梨汁挤入杯中即可。 **4**

⎡ 烹饪秘籍 ⎤

为了使冻梨尽快解冻，在浸泡冻梨时可
以多换几次清水。

清润解燥
青柠冻梨汁
🕐 15分钟
🔥 难度 低

含糖量
85g

蛋白质
4g

总热量
340kcal

风靡全球的健康饮料
小麦草柠檬汁

⏱ 10 分钟
难度 低

含糖量
20g

蛋白质
20g

总热量
277kcal

主料　小麦草 1 把（约 100 克）
辅料　柠檬半个（约 50 克）

做法

1　将小麦草清洗干净，切成手指长的段备用。

2　取半个柠檬，挖去柠檬子后挤出汁。

3　将小麦草放入料理机中，加入适量饮用水搅打均匀。

4　用滤网过滤掉小麦草渣，调入柠檬汁即可。

▷ 烹饪秘籍

新鲜的小麦草可以在进口超市买到，也可以自己买回小麦草种子在家里种。

超模的秘密健康饮料
羽衣甘蓝豆浆思慕雪

⏱ 10 分钟
难度 低

含糖量
32g

蛋白质
20g

总热量
301kcal

主料　羽衣甘蓝 3 片（约 200 克）
　　　豆浆 300 毫升
辅料　香蕉半根（约 75 克）

做法

1　将豆浆提前一夜倒入冰格中，放入冰箱冷冻过夜。

2　将羽衣甘蓝洗净，沿着脉络撕成小片；香蕉去皮，切成小块。

3　将冷冻豆浆、羽衣甘蓝和香蕉放入料理机中，搅打细腻即可。

▷ 烹饪秘籍

水果中含有天然的糖分，适量添加一些可以调节饮料的口感和味道。

主料　羽衣甘蓝 50 克
辅料　青苹果 1 个

做法

羽衣甘蓝洗净，沥干。
1

顺着叶片的脉络将中间的硬梗撕去，叶片部分留下备用。
2

青苹果洗净，去掉中间的果核，切成大块。
3

青苹果和羽衣甘蓝放入榨汁机，倒少量水，打成果蔬汁即可。
4

烹饪秘籍

榨好的羽衣甘蓝汁容易氧化，因此要搭配青苹果、绿猕猴桃或者青柠檬这些维生素C含量较高的食材。

超模的健康果蔬汁
青苹果羽衣甘蓝汁

⏱ 5 分钟
🔥 难度 低

含糖量 25g

蛋白质 3g

总热量 133kcal

主料　青苹果 1 个（约 200 克）
　　　圆白菜 1/4 个（约 200 克）

做法

青苹果洗净去核，用刀切成小块；圆白菜一片片洗净，切碎备用。
1

青苹果和圆白菜一同放入料理机中，加入少许饮用水。将食材搅打均匀，倒入杯中即可。
2

烹饪秘籍

榨好的果蔬汁如不立即饮用，可以滴入几滴柠檬汁，这样可以防止果蔬汁过快氧化。想要饮用更清爽的果蔬汁，也可以用纱布滤去渣滓。

给你最简单的营养
圆白菜苹果汁

⏱ 15 分钟
🔥 难度 低

含糖量 30g

蛋白质 4g

总热量 146kcal

抗氧化，添活力
紫甘蓝车厘子汁

⏱ 5分钟
💧 难度 低

含糖量
22g

蛋白质
2g

总热量
88kcal

主料　紫甘蓝 1/4 个
辅料　车厘子 10 颗

做法

1 将紫甘蓝洗净，切去底部的老根后，将叶片改刀切成小块备用。

2 将车厘子洗净后，去蒂、去核，留下果肉。

3 将上述食材放入料理机中，加入100毫升饮用水，搅打均匀。

4 将打好的果蔬汁倒入杯中，就可以享用了。

【 烹饪秘籍 】

肠胃功能较弱的老人和小孩可以将饮用水替换成温开水，这样打出的果蔬汁微微温热，入口正合适。

一树樱桃带雨红
车厘子气泡水

⏱ 10分钟
💧 难度 低

含糖量
16g

蛋白质
1g

总热量
63kcal

主料　车厘子 100 克
辅料　苏打水适量｜冰块适量

做法

1 将车厘子去核、去蒂后放入料理机中，加入适量冰块，搅打成冰沙状。

2 在杯中倒入半杯车厘子冰沙，然后放入少许冰块。

3 缓缓倒入苏打水，然后装饰上一两颗完整的车厘子即可。

【 烹饪秘籍 】

可以用筷子从车厘子的尾部用力捅一下，果核就会从果蒂处一起掉出来。

👍 自己做的坚果奶料足且无添加，喝起来更加安全放心。嗜甜的人，可以加入半根香蕉一起打匀，不仅营养更加丰富，味道也更加清甜。腰果中的热量还能满足运动所需，让你的健身效果加倍。

主料　腰果 50 克
辅料　香蕉半根（约 75 克）

素食者的营养"奶"

腰果香蕉奶　🕐 15 分钟　🔥 难度 低

含糖量 37g　蛋白质 10g　总热量 349kcal

做法

混合搅打

 腰果清洗干净，提前用清水浸泡一夜备用。　1

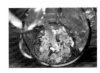 将泡好的腰果放入料理机中，加入250毫升温开水，搅打均匀。　2

过滤搅打

 用滤网或纱布过滤两遍，滤去腰果渣。　3

 将香蕉切成小块，然后与过滤后的腰果奶一同再次放入料理机中，搅打均匀即可。　4

烹饪秘籍

腰果奶中不需要加牛奶，只要过滤掉腰果渣，就会像牛奶一样细滑，特别适合乳糖不耐受的人饮用。如果你不介意口感，也可以保留腰果渣。

春风三月，杨柳拂面
牛油果雪梨汁

⏱ 10分钟
🥄 难度 低

含糖量
44g

蛋白质
3g

总热量
244kcal

主料　雪梨1个（约200克）
辅料　牛油果半个（约50克）

做法

1　将雪梨洗净，去皮、去核，切成适合的大小。

2　选择尽量熟透的牛油果，用勺子将果肉挖出。

3　将雪梨块和牛油果肉放入料理机中，加入少许饮用水，搅打均匀。

4　制作好的果蔬汁直接倒入杯中即可饮用。

> **烹饪秘籍**
>
> 牛油果的含水量较少，搅打后会变得很黏稠。可以根据个人需要添加少许饮用水或牛奶来调节黏稠度。

换个花样喝咖啡
冰滴青椰水

⏱ 10分钟
🥄 难度 低

含糖量
8g

蛋白质
0g

总热量
33kcal

主料　冰美式咖啡100毫升
辅料　椰青水适量｜冰块适量

做法

1　取一只修长的杯子，装入3/4杯冰块。将椰青水倒入杯中。

2　选一只勺子，用勺背抵在杯子边缘，倾斜45°。缓缓倒入冰美式咖啡，使咖啡顺着勺背流下，在杯中形成明显的分层即可。

> **烹饪秘籍**
>
> 大量的冰块可以起到阻隔下层的椰青水与上层冰咖啡融合的作用，为了能保持好看的分层，冰块的使用量不能太少。

👍 巴旦木中含有丰富的植物油和蛋白质，可以增强体质、缓解神经衰弱、皮肤过敏等症状。椰枣中的糖分很容易被消化和吸收，其所含的膳食纤维也比较柔软，不会对敏感的肠胃造成伤害。

主料 椰青水 400 毫升
生巴旦木仁 200 克
辅料 椰枣 1 个

热量极低的植物奶
椰青巴旦木奶昔

🕐 15 分钟
🔥 难度 低

含糖量 72g

蛋白质 41g

总热量 1152kcal

做法

浸泡搅打

取200克生巴旦木仁，用清水没过果仁，浸泡一夜备用。**1**

将浸泡好的果仁倒入料理机中，搅打均匀成细腻顺滑的液体。**2**

过滤搅打

用纱布或滤网滤去渣滓，尽量将液体充分挤干。**3**

巴旦木奶可以放入冰箱中冷冻保存，喝之前取出，加入椰青水和椰枣，用料理机搅打均匀即可。**4**

烹饪秘籍

制作这款奶昔尽量选用生巴旦木仁，实在找不到生的，可以选用无调味的、无油干焙的果仁来替代。

消除水肿的神奇饮品
咖啡燕麦思慕雪

⏱ 15 分钟
难度 中

含糖量 36g
蛋白质 10g
总热量 215kcal

👍 咖啡中的咖啡因可以加速人体的新陈代谢，从而起到加速燃烧脂肪和排毒轻体的作用。燕麦富含膳食纤维，可以促进肠胃蠕动，预防便秘。

主料　咖啡豆 2 汤匙（约 30 克）
　　　牛奶 100 毫升
辅料　即食燕麦 1 汤匙（约 15 克）

做法

准备

1 将牛奶提前倒入冰格，入冰箱冷冻一夜备用。

2 将咖啡豆研磨成粉，放入滤纸中，用沸水冲泡，萃取咖啡。

混合搅打

3 把萃取好的咖啡倒入料理机中，加入冻牛奶，一起搅打成冰沙状。

4 将冰沙倒入杯中约 1/2 处，然后铺上薄薄一层即食燕麦，再重复一次装满一杯即可。

烹饪秘籍

用咖啡豆冲泡萃取的咖啡没有任何添加，口感清苦还有些涩。如果实在喝不惯这种美式咖啡，也可以使用速溶咖啡或瓶装咖啡饮料，与冻牛奶搅打成沙冰状，口感更香浓顺滑。

主料 英式伯爵红茶适量
辅料 冰牛奶 150 毫升

做法

用沸水将英式伯爵红茶冲泡开，稍微焖煮使其释放出茶色和茶香。 **1**

杯子装入150毫升冰牛奶，用搅拌棒搅打约20秒，打出奶泡。 **2**

用滤网将红茶的茶叶片滤去，将茶汤倒入杯中。 **3**

将打好的牛奶也倒入杯中，浓密的奶泡留在最上方即可。 **4**

烹饪秘籍

叶片状的茶叶不如茶包泡出来的味道厚重，可以用一个干净的小汤锅，将红茶放入焖煮几分钟，茶的口感会更浓郁。

不加糖的健康
红茶拿铁
🕐 10 分钟
难度 低

含糖量 19g

蛋白质 10g

总热量 162kcal

主料 蛋白粉 1 汤匙（约 15 克）
速溶咖啡 10 克
辅料 蜂蜜 1 汤匙

做法

取适量速溶咖啡粉，放入杯中。将沸腾的热水缓缓倒入杯中，并不停搅拌，使咖啡均匀溶化。 **1**

待咖啡的温度稍稍降低，加入蜂蜜进行调味。 **2**

取1汤匙蛋白粉倒入杯中。再次搅拌均匀即可。 **3**

烹饪秘籍

蜂蜜中的营养物质在高温下会被破坏。所以最好用50～60℃的温开水冲泡。

晨练时的最佳搭档
咖啡蛋白饮
🕐 15 分钟
难度 低

含糖量 18g

蛋白质 13g

总热量 131kcal

与众不同的味蕾体验
苹果肉桂茶

🕙 10 分钟
🔥 难度 中

含糖量
70g

蛋白质
0g

总热量
265kcal

👍肉桂可以补元阳、暖脾胃，是中医经常用来治疗疾病的药引子之一。这道肉桂苹果茶，有浓郁的果香味，好喝又暖胃。

主料　苹果 2 个｜肉桂枝 1 根
辅料　肉桂粉少许｜冰糖少许

做法

切备榨汁

1 将苹果洗净，去核后将果肉切丁；肉桂枝洗净。

2 将2/3的苹果丁榨成果汁，留下少部分苹果丁待用。

煮制调味

3 取苹果汁倒入锅中，加入少量温开水和冰糖，开中火煮约2分钟。

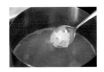

4 放入苹果丁和肉桂枝，加盖煮约5分钟，保持锅中的果茶温度始终处于沸点以下。

5 出锅前根据个人口味加入少许肉桂粉即可。

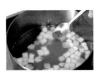

烹饪秘籍

苹果不宜煮太久，温度也不宜太高，否则会越煮越酸，影响茶饮的味道。

👍 山楂开胃，洛神花养颜，陈皮健脾，三种食材混合在一起不仅颜色漂亮，还有养生功效，让你不知不觉多喝下几杯水。

主料 洛神花 5 朵
辅料 陈皮 1 小块 | 山楂片少许

粉红色的回忆
洛神花饮

🕐 15 分钟
🔥 难度 低

含糖量 23g　蛋白质 2g　总热量 95kcal

做法

准备

1 把陈皮和山楂片用清水冲洗去表面的浮尘，放入玻璃茶壶中。

2 将洛神花也放入壶中，注入足量热水。

煮制

3 小火慢煮约10分钟，使各种食材的味道完全释放出来。

4 滤去各种食材，放至温热就可以饮用了。

烹饪秘籍

陈皮根据存储时间不同分为三年陈、五年陈和十年陈，陈皮越陈越香，越久越珍贵，价格也相应增加。自己在家里制作，不用买太贵的，合适就好。

治愈系特调
葡萄柚绿茶

⏱ 10分钟
💧 难度 低

含糖量
34g

蛋白质
8g

总热量
165kcal

HAPPY EVERY DAY

THE
LIFE
· DELICIOUS ·

主料 葡萄柚 1 个
辅料 绿茶 2 汤匙｜冰块适量｜盐 1 茶匙

👍 葡萄柚水分饱满，果肉柔嫩，富含维生素C，在空闲的日子里，花一点时间做一杯葡萄柚特饮，一定会治愈你的疲惫。

做法

切备压汁

1 取1个葡萄柚，用盐搓洗表皮，然后用清水冲洗干净。

2 在葡萄柚中间最饱满的地方横向切开，切出两个薄薄的圆片。

3 将剩余的两半葡萄柚用工具挤压出汁，混入少许果肉也没关系。

泡茶

4 绿茶用约85℃的热水浸泡出茶汤，两三分钟后将茶叶滤出。

造型混合

5 取1个宽口的玻璃杯，将葡萄柚薄片贴在杯壁上。

6 放入1/3杯冰块，然后倒入葡萄柚汁和绿茶即可。

烹饪秘籍

葡萄柚果肉酸甜可口，果皮和白色筋膜部分却很苦涩。为了不影响口感，榨汁时要尽量不将外皮析出的汁水带进去。

图书在版编目（CIP）数据

萨巴厨房. 简单减糖餐，轻松健康瘦 / 萨巴蒂娜
主编. —北京：中国轻工业出版社，2022.9
　　ISBN 978-7-5184-4036-8

　　Ⅰ.①萨… Ⅱ.①萨… Ⅲ.①减肥—食谱
Ⅳ.①TS972.12

　　中国版本图书馆 CIP 数据核字（2022）第 103221 号

责任编辑：张　弘　谢　兢　　责任终审：高惠京
整体设计：锋尚设计　　　责任校对：晋　洁　责任监印：张京华
出版发行：中国轻工业出版社（北京东长安街6号，邮编：100740）
印　　刷：北京博海升彩色印刷有限公司
经　　销：各地新华书店
版　　次：2022年9月第1版第1次印刷
开　　本：710×1000　1/16　印张：12
字　　数：200千字
书　　号：ISBN 978-7-5184-4036-8　定价：49.80元
邮购电话：010-65241695
发行电话：010-85119835　传真：85113293
网　　址：http://www.chlip.com.cn
Email：club@chlip.com.cn
如发现图书残缺请与我社邮购联系调换
211524S1X101ZBW